KB199399

영화 속 지형 이야기

영화 속 지형 이야기

1판 1쇄 | 2007. 8. 27
1판 3쇄 | 2009. 6. 5

지 은 이 | 양희경 · 장영진 · 심승희
펴 낸 이 | 김선기
펴 낸 곳 | 주식회사 푸른길
편   집 | 이교혜
본문디자인 | 鮮HD
본문그림 | 이도훈

출판등록 | 1996년 4월 12일 제16-1292호
주   소 | (137-060) 서울시 서초구 방배동 1001-9 우진빌딩 3층
전   화 | 02-523-2009
팩   스 | 02-523-2951
이 메 일 | pur456@kornet.net
홈페이지 | www.purungil.com/푸른길.kr

© 양희경 외, 2007
ISBN 978-89-87691-85-5 03980

영화 속 지형 이야기

양희경 · 장영진 · 심승희

푸른길

사람들은 저마다 다른 목적을 가지고 영화를 봅니다. 시간을 때우거나 스트레스를 풀기 위해서 영화를 보기도 합니다. 현실에서는 불가능한 상상의 세계를 꿈꾸면서 영화를 보기도 합니다.

영화 속에는 주인공이 있고, 이야기가 있고, 이들이 엮어 내는 감동과 여운이 있습니다. 또 영화 속에는 주인공들의 삶을 뒷받침해 주는 자연이 있습니다. 이러한 자연 중에 산, 하천, 평야, 해안 등을 지형이라고 합니다. 지형은 영화 속에서 눈 깜빡하는 사이에 지나가 버리는 배경일 뿐일지도 모르지만, 그 속에서 살아가고 있는 사람들에게는 삶의 터전이요, 중요한 생활의 무대입니다.

『영화 속 지형 이야기』는 세 명의 여자들이 모여 나눈 즐거운 수다에서 시작되었습니다. 우리는 영화에 대해 체계적으로 공부한 적이 없습니다. 그저 즐겁게 영화를 관람하는 마니아일 뿐입니다. 하지만 지난 5년여 동안은 영화를 보되 다른 각도에서 보았습니다. 공통의 관심사인 지리를 중심으로 영화를 살펴본 것이지요.

지리의 중심에는 항상 지역과 이를 토대로 역사를 이어 가는 주민들의 삶이 있어 왔습니다. 지리에서 지역이란 사람들이 삶을 이어 가는 터전이고 지형은 이 삶터의 환경 중에서 가장 중요한 요소입니다. 우리가 살고 있는 지역 혹은 다른 나라 사람들이 살아가고 있는 세계 여러 지역에 대한 이해는 우리의 삶을 풍요롭게 하고 깊이 있는 성찰을 하도록 도와줍니다.

그런데 이러한 지역에 대한 깊은 이해는 정치, 경제, 문화, 역사 등에 대한 단순한 정보의 습득만으로 실현되는 것은 아닙니다. 지역의 자연 환경과 이에 기대어 이루어지는 인간 생활을 체계적으로 이해해야만 가능합니다. 땅 위에서 물과 공기의 흐름을 규제하고 생물과 인간 생활의 터전을 제공하는 지표의 구성 요소로서의 지형을 체계적으로 이해해야만 어느 지역이나 세계를 본질적으로 파악할 수 있습니다.

그러나 지형은 말이나 글로 설명하거나 가르치기는 어려운 부분입니다. 지형은 산·평야·해안 등 구체적인 형태를 가지고 있고, 인간의 삶을 초월할 정도로 오랜 기간에 걸쳐 형성되기 때문에 말이나 글로 온전히 설명하기에는 한계가 있습니다. 수천 마디의 말이나 글보다는 한 장의 지형 사진이, 한 장의 지형 사진보다는 움직이는 영상이 때로는 더 큰 가르침을 주기도 합니다.

우리가 일상생활에서 가장 흔히 접하는 영상물이 바로 영화입니다. 지형을 영화 속에서 살아 움직이는 사람들의 생활을 통해 보면 이해하기가 훨씬 쉽습니다. 반대로 영화 속 사람들의 생활도 지형을 통해서 보면 이해하기 쉬운 면이 많이 있습니다.

물론 영화 속 지형은 그저 배경이거나 주인공을 빛나게 해 주는 소품에 불과할지도 모릅니다. 하지만 영화 속에서 스쳐 지나가는 산의 작은 돌멩이, 습지의 풀 한 포기, 바닷가 모래 알갱이가 저마다 역사와 이야기를 간직하고 있음을 보여 주고 싶었습니다. 이러한 지형의 이해가 영화를 더 재미있고 흥미롭게 볼 수 있는 계기가 되기를, 그리고 영화 속 주인공들의 삶과 그들이 살고 있는 지역을 이해하고 그들의 이야기에 한층 더 현실감 있게 다가가는 데 보탬이 되기를 기대합니다.

　좀 더 많은 지형과 그러한 지형의 변화 과정 그리고 그 속에서 살아가는 사람들의 이야기를 영화 속에서 마음껏 다루지 못해 많이 아쉽습니다. 또 영화에 나오는 수많은 지형들 가운데 두 발로 걸으면서 온전히 경험해 보지 못한 곳이 많이 있습니다. 직접 가 보지 못한 지형들은 영화의 제한된 영상에 의존해서 설명해야 했기에 생생한 현장감을 전달하지 못했습니다.

　이 책에서 다루지 못한 수많은 감동적인 영화와 그림 같은 지형들에게는 더 말할 나위 없이 미안합니다. 그 영화들이 덜 유명하거나 덜 감동적이어서도 아니요, 그 지형들이 하찮거나 덜 중요해서도 아닙니다. 영화를 선택하고 그 속의 지형을 파악해 내는 데 지은이들의 능력에 한계가 있었기 때문입니다.

이 책의 영화 이야기는 감독이나 제작자의 의도와는 상관이 없는 순전히 지은이들의 개인적인 생각입니다. 영화 속 지형에 관한 설명과 해석에 객관성을 유지하려고 노력하였으나 독자들이 좀 더 알기 쉽게 내용을 수정하는 과정에서 지은이들의 주관적인 생각이 반영되었습니다. 또한 여러 가지 한계로 선명한 영화 스틸 사진을 싣지 못해 아쉽습니다. 독자들의 양해를 바랍니다.

영화를 같이 보고, 원고를 다듬고, 장시간에 걸쳐 사진을 비롯한 많은 자료를 찾아서 책이 출판되기까지 지원해 준 푸른길 출판사 관계자 분들에게 고마움을 표합니다.

2007년 7월
양희경

차례

그랜드 캐니언   미 국

_____구조 지형

해저에서 기원한 지상의
아름다움

〈미션 임파서블 2〉와 〈델마와 루이스〉

자연이 수행한 미션 임파서블

북아메리카의 서부 지역은 영화 〈역마차〉(Stagecoach, 1923)의 성공을 시작으로 서부 영화의 주요 무대가 되었다. 주로 미국이 건국된 18세기 후반부터 산업화 초기인 19세기 초반까지를 시대적 배경으로 하는 서부 영화는 그랜드 캐니언을 중심으로 하는 북아메리카 서부 지역의 자연경관과 신나는 액션으로 인해 상업적으로 큰 성공을 거두었다.

이후 그랜드 캐니언은 많은 영화의 무대로 등장하게 되며, 〈미션 임파서블 2〉(Mission Impossible II, 2000)와 〈델마와 루이스〉(Thelma & Louise, 1991)에서도 그랜드 캐니언은 이야기 전개에서 중요한 장소로 기능한다. 〈미션 임파서블 2〉는 그랜드 캐니언에서 막이 오르고, 〈델마와 루이스〉는 그랜드 캐니언에서 막을 내린다.

그랜드 캐니언은 미국 남서부의 콜로라도 고원에 형성된 협곡을 일컫는다. 동쪽의 로키 산맥과 북서쪽의 워새치 산맥으로 둘러싸인 콜로라도 고원은 해발 고도 1,500~2,700m에 이르는 건조한 지역이다. 전체적으로 북동쪽이 높고 남서쪽으로 갈수록 완만하게 낮아진다. 협곡은 콜로라도 강이 콜로라도 고원을 가로지르면서 만들어진 것이다. 콜로라도 강은 북동쪽의 로키 산맥에서 발원해서 남서 방향으로 곡류하면서 콜로라도 고원을 지나 멕시코의 캘리포니아 만으로 흘러든다. 습윤한 지역에서 발원해서 주로 건조 지역을 흐르기 때문에 외래 하천이라고 할 수 있다.

〈미션 임파서블 2〉는 주인공 이단 헌트(톰 크루즈)가 콜로라도 협곡에서 맨손으로 암벽 타기를 즐기는 장면으로 시작된다. 톰 크루즈가 그

도입부에서 자유자재로 암벽을 타고 있는 주인공 헌트의 모습을 보여 주는 〈미션 임파서블 2〉. 앞으로 펼쳐질 모험과 그것을 즐기는 헌트의 활약상이 자못 기대되는 장면이다.

동안 출연했던 영화에서 보여 준 영원한 소년의 이미지는 〈미션 임파서블〉 시리즈를 통해 더욱 강화된다. 〈미션 임파서블〉 시리즈 가운데 가장 인기를 끈 장면이라면 시리즈 1에서 헌트가 CIA 본부에 위치한 IMF(Impossible Mission Force) 비밀 컴퓨터 금고에 진입했다가 외줄에 매달린 채 아슬아슬한 공중 곡예를 보여 주는 대목일 것이다. 공중 곡예 장면은 〈미션 임파서블〉 시리즈의 주제 음악과 절묘하게 맞아떨어지면서 매우 신선하고 강한 인상을 주었고, 이후 여러 장르에서 패러디되었다.

헌트가 암벽을 타는 장면도 그에 못지않은 주목을 받았다. 대자연 속에서 자유자재로 바위를 타는 헌트의 모습을 통해 주인공 헌트가 얼마나 모험을 즐기며 용기 있는 비밀 요원인지를 보여 준다. 헌트가 암벽을 타는 장소는 유타 주 남동부의 모아브(Moab) 인근에 위치한 콜로라도 협곡이다. 국립공원으로 지정된 곳에서 좀 더 상류로 올라간 곳이다.

선글라스를 통해 임무를 부여받고 있는 헌트. 그의 뒤로 콜로라도 강에 의해 깊게
침식된 협곡이 보인다.

　콜로라도 고원은 매우 두터운 수평 상태의 퇴적암층으로 구성되어
있다. 이처럼 수평을 유지하는 퇴적암은 일반적으로 바다나 호소에서
형성되는데, 이 지역의 경우에도 대부분의 지층이 오랫동안 바다 속에
서 퇴적되어 형성되었다. 이렇게 형성된 대규모의 퇴적암층은 수평 상
태를 유지하면서 지상으로 융기하였다. 콜로라도 지역에서 융기가 일
어나게 된 계기는 중생대 말 로키 산맥을 형성하는 조산 운동의 영향으
로 이 지역이 횡압력을 받았기 때문이다. 헌트가 임무를 전달받는 장면
에서 그의 등 뒤로 평탄한 콜로라도 고원의 모습이 아득하게 펼쳐진다.
　낮고 평탄한 콜로라도 지역을 흐르던 콜로라도 강은 융기 이후 침식
력이 증가하게 되었다. 침식의 기준이 되는 바닷물의 수위에 비해 하천
의 수위가 상대적으로 높아졌기 때문이다. 하천의 수위 상승은 낙차를
증가시켜 강물이 하천 바닥을 깊게 깎는 하방 침식을 촉진하고 결과적
으로 깊은 협곡을 만들었다. 더욱이 콜로라도 고원은 건조 기후 지역에
위치하기 때문에 암석은 일사에 의한 가열과 복사에 의한 냉각으로 팽

그랜드 캐니언. ⓒ 지리누리

창과 수축을 반복하면서 기계적 풍화 작용이 이루어진다. 그러나 수분의 영향이 없는 단순한 팽창과 수축만으로는 암석의 풍화가 활발하게 이루어지지 않는다. 따라서 수분이 충분히 공급되는 하천의 유로를 중심으로 지반의 침식이 집중적으로 이루어진다. 반면에 그 밖의 지역은 침식의 속도가 상대적으로 매우 느리다.

영화에서는 헌트가 선글라스를 통해 다음 임무를 부여받는 장면에서 하방 침식의 결과 콜로라도 강의 수위가 매우 낮아진 모습을 확인할 수 있다. 과거에는 콜로라도 강이 협곡의 정상부를 흘렀을 것이라는 점을 상상해 볼 수 있다.

캐니언랜즈의 협곡 위에서 자동차를 멈춘 〈델마와 루이스〉의 두 주인공. 협곡 아래
로 적갈색의 콜로라도 강이 곡류하고 있다.

　이와 같은 사실은 영화 〈델마와 루이스〉에서 좀 더 근접해서 볼 수
있다. 〈델마와 루이스〉는 1990년대에 제작된 〈미저리〉, 〈양들의 침묵〉,
〈프라이드 그린 토마토〉, 〈지아이 제인〉, 〈에린 브로코비치〉 등과 함께
강한 여성 캐릭터에 주목한 대표적인 영화이다.

　영화는 평범하다 못해 조금은 어리숙한 주부 델마(지나 데이비스)와
야무진 독신녀 루이스(수잔 서랜든)의 여정을 그린 로드 무비이다. 두
사람은 여행 도중 살인을 저지르게 되고 여행길은 도피길이 된다. 그러
나 목적지로 정한 멕시코에 도달하지 못하면서 이들의 종착지는 그랜
드 캐니언이 되고 만다. 도피하던 델마와 루이스는 그랜드 캐니언 앞에
서 자동차를 멈추게 되는데, 이 장면에서 적갈색의 콜로라도 강이 사면
아래에서 곡류하는 모습을 볼 수 있다.

헌트의 소품, 델마와 루이스의 종착지

그랜드 캐니언이 자리하고 있는 콜로라도 고원은 여러 개의 암석층으로 구성되어 있다. 이 지역은 아래쪽의 편암을 중심으로 하는 고생대 이전의 지층과 사암이나 혈암, 석회암 등 고생대의 퇴적암층으로 주로 구성되어 있다. 협곡의 대부분을 이루고 있는 고생대 지층은 약 3억 년이 넘는 기간 동안 퇴적 작용을 통해 형성된 것이다. 그 위에 분포하던 중생대의 지층은 침식으로 완전히 사라져 버렸다. 두꺼운 퇴적암층이 잘 발달된 고원의 최상부에서는 화산의 분출로 형성된 검은색의 용암층과 원뿔 모양의 화산을 볼 수 있다.

고생대의 암석들은 한 번의 출현으로 끝나는 것이 아니라 번갈아 가며 중복해서 나타난다. 또한 동일한 암석이라고 해도 동일한 빛깔을 띠

〈미션 임파서블 2〉에서 헌트가 맨손으로 암벽을 타는 장면. 여기서 화면을 가득 채우는 암벽의 적갈색이야말로 콜로라도 협곡을 상징하는 색이다. 기계적 풍화에 의해 암석이 떨어져 나갔다.

지 않고 암석의 구성 물질과 풍화의 정도에 따라 매우 미묘한 색상의 차이를 드러낸다. 예컨대 사암이라고 해도 붉은색을 띠는 것이 있는가 하면 황색을 띠는 사암도 있고, 같은 석회암이라고 해도 백색의 석회암이 있는가 하면 붉은색을 띠는 석회암도 있다. 콜로라도 협곡을 이루는 각각의 지층은 황갈색, 초록색, 분홍색, 푸른빛이 도는 회색, 보라색 등 매우 다양한 빛깔을 띤다. 그렇지만 전체적으로는 적색 또는 주황색을 띠고 있다. 따라서 이곳을 통과하는 콜로라도 강도 적갈색을 띠게 된다. 〈미션 임파서블 2〉에서 헌트가 맨손으로 암벽을 등반할 때 펼쳐지는 적갈색이야말로 협곡을 상징하는 색이다.

한편 성격이 다른 퇴적암이 겹겹이 쌓여 형성된 곳이기 때문에 각각의 지층은 침식에 대한 저항도 서로 다르다. 침식에 강한 단단한 암석(경암)이 지표에 드러난 경우에는 침식이 잘 이루어지지 않기 때문에 표면이 평탄하게 유지되고 사면은 급경사를 이룬다. 반면, 침식에 약한 무른 암석(연암)은 침식이 빠르게 진전되어 완만한 경사를 이룬다. 따라서 단단한 암석과 무른 암석이 교대로 나타나는 수평 지층에서는 급사면과 완사면이 반복되는 계단상의 지형을 형성하게 된다. 〈미션 임파서블 2〉에서 헌트가 암벽 등반을 마치고 정상에 올라 내려다보는 전면에 지층의 구조를 반영하는 계단상의 지형이 전개된다.

그랜드 캐니언 지역에 계단상의 지형이 발달할 수 있는 것은 이곳이 건조 기후 지역이기 때문이다. 건조 기후가 아니었다면 그랜드 캐니언은 존재하지 않았을지도 모른다. 만약 그랜드 캐니언 지역이 습윤 기후였다면 빗물이 가파른 사면을 흘러내리면서 침식을 가속화시켜 사면 경사를 완만하게 만들었을 것이다. 더욱이 나무나 풀 등 식물이 자라 사면을 덮으면서 암석의 굳기 차이로 인한 계단상의 지형은 찾아보기 어려웠을 것이다. 애리조나 주와 유타 주, 뉴멕시코 주, 콜로라도 주 등

정상에 오른 헌트. 그의 발아래 계단상의 침식 지형이 펼쳐져 있다.

네 개의 주에 걸쳐 있는 콜로라도 고원은 건조한 기후 덕분에 지층의 구조가 지표면의 기복에 예민하게 반영되어 있다.

〈미션 임파서블 2〉에서 그랜드 캐니언은 매우 메마른 땅임에도 불구하고 장대한 규모와 현란한 색채로 인해 아름다움의 극치를 보여 준다. 따라서 주인공의 영웅적 측면을 부각시키면서 영화의 서막을 장식하기에는 더없이 좋은 공간이다. 그러나 〈텔마와 루이스〉에서 그랜드 캐니언은 두 주인공이 자신들의 삶을 포기하고 생을 마감하는 공간이다. 오랜만에 해방감에 들떠 떠났던 여행길에서 그들이 뛰어든 그랜드 캐니언은 경찰로부터, 나아가 남성으로부터 벗어나기 위한 해방구로 여겨질 수도 있다. 그러나 그보다는 서글픔과 안타까움을 자아내는 공허한 공간의 이미지가 더 크게 다가온다. 그들을 실은 자동차는 뜨거운 태양이 내리쬐는 먼지 날리는 콜로라도 고원을 지나 깊고 커다란 골짜기 위로 한 마리 새처럼 날아오른다.

고원 위에서 경찰을 피해 도주하는 델마와 루이스. 자동차는 협곡 앞에 다다르고 잠시 후 델마와 루이스는 협곡 위로 한 마리 새처럼 날아오른다. 그랜드 캐니언의 광활함이 〈델마와 루이스〉에서는 공허한 느낌을 자아낸다.

유럽 인들이 그랜드 캐니언을 최초로 찾아온 시기는 16세기이다. 이후 본격적인 탐험은 19세기 중반부터 시작되었다. 하지만 이 지역은 유럽 인들이 찾아오기 오래전부터 아메리카 원주민의 삶의 터전이었고 오늘날에도 하바수파이, 나바호, 카이바브, 후아르파이 등 여러 아메리카 원주민 부족이 거주하고 있다. 미국은 이미 1919년에 이곳을 국립공원으로 지정하였고, 엄청난 규모와 독특한 아름다움으로 인해 세계적인 관광지가 되었다.

미국
●나이아가라 폭포

멕시코

브라질

파라과이
●이과수폭포

아르헨티나

02

_____폭포

암석의 경연차가 만든
아메리카의 상징

〈미션〉과 〈슈퍼맨 2〉

대 공황기에 탄생한 희망의 상징

폭포는 인간에게 자연에 대한 경외심과 함께 공포감을 불러일으킨다. 이 때문에 많은 영화가 폭포를 공간적인 배경으로 하여 그 특성을 십분 활용하고 있다. 그중 손꼽히는 영화가 북아메리카의 나이아가라 폭포를 배경으로 한 〈슈퍼맨 2〉(Superman II, 1981)와 남아메리카의 이과수 폭포를 배경으로 한 〈미션〉(The Mission, 1986)이다.

〈슈퍼맨 2〉는 만화책을 통해 캐릭터가 정립된 이후 약 70년 동안 수많은 어린이들의 사랑을 받아온 가공의 인물을 그리고 있다. 〈미션〉은 이과수 폭포를 무대로 기독교 선교사들과 원주민들에게 일어난 실화를 바탕으로 한다. 그렇기 때문에 두 영화에 등장하는 폭포는 그 형상과 형성 과정은 물론 각각의 폭포가 드러내는 의미도 매우 상이하다. 북아메리카에서 나이아가라 폭포가 발견되었을 때 사람들은 이 폭포의 규모와 경관에 찬사를 보내며 대대적으로 선전했다. 이후 이보다 규모가 훨씬 더 큰 이과수 폭포가 발견되면서 두 폭포는 남북아메리카의 자연을 대표하는 상징물로 부각되었다.

영화 〈슈퍼맨〉 시리즈는 대공황기에 미국의 동갑내기 고등학생 제리 시겔(Jerry Siegel)과 조 슈스터(Joe Shuster)에 의해 태동하였다. 당시 새로운 장르로 떠오르기 시작한 에스에프(SF, science fiction)에 관심을 갖고 있던 시겔과 슈스터는 이미 8~10쪽 분량의 SF 작품들을 우편으로 주문 판매하고 있었다. 그러던 어느 날 시겔은 철학자 니체의 '슈퍼맨(초인)'과 같은 이름을 가진 캐릭터를 고안하고 이를 친구 슈스터에게 그리도록 했다. 지구 정복을 꿈꾸는 악당으로 시작된 슈퍼맨은 수정이 거듭되면서 먼 행성에서 온 외계인 피난자이자 신문 기자인 클라

슈퍼맨. 타이츠와 망토 그리고 가슴에 그려진 S자는 탄생 초기부터 설정된 모습이다.

크 켄트로 설정되어 신분상의 비밀을 갖게 된다.

처음에 슈퍼맨은 주인공이 똑똑하지 못하고 너무 믿기 어려운 내용인 데다 아마추어적이고 유치하기까지 하다는 평가를 받으면서 당시 작품을 알릴 수 있는 가장 유력한 매체인 일간지들로부터 외면당했다. 그러나 1938년 단행본으로 출판되면서 폭발적인 인기를 끌었고 곧바로 신문, 만화책, 라디오, TV, 영화 등에서 시리즈물로 제작되었다. 많은 사람들이 고통 받던 대공황기에 희망을 상징하는 미국의 영웅이 창조되었던 것이다.

슈퍼맨을 특징짓는 타이츠와 망토 그리고 가슴에 그려진 S자는 탄생 초기부터 설정된 모습이다. 그러나 자동차를 번쩍 들고 건물 사이를 뛰어다니던 그가 하늘을 날기 시작한 것은 1940년대 시작된 라디오 드라마에서였다. 진화를 거듭한 슈퍼맨은 제2차 세계 대전이 끝난 뒤에는 원자폭탄보다 강력해졌다. 게다가 슈퍼맨의 어린 시절을 그린 슈퍼보이와 초능력을 지닌 여성을 그린 슈퍼걸 등 슈퍼맨의 인기를 등에 업은 슈퍼 패밀리도 등장했다. 때로는 불황기가 만들어낸 사회 문제에 맞선

나이아가라 폭포 주변의 관광호텔들.

개혁가, 제2차 세계 대전 당시에는 일본과 독일을 응징하는 전쟁 영웅, 그리고 전후의 보수적 시기에는 사회 질서의 상징이 되었다. 슈퍼맨은 지난 수십 년의 세월 동안 수많은 작가의 참여를 통해 다른 작품들과 경쟁하면서 시대와 독자들의 요구에 부응하고자 재창작을 거듭하여 오늘날까지 생존하고 있다.

〈슈퍼맨 2〉는 평단과 관객 모두로부터 좋은 반응을 얻었다. 영화에서 클라크(크리스토퍼 리브)와 여기자 로이스는 당시 유명한 신혼여행지로 알려진 나이아가라 폭포 일대의 호텔을 취재하기 위해 신혼부부로 가장하고 잠입한다. 호텔들이 폭리를 취한다는 정보가 있었기 때문이다. 나이아가라 폭포 인근에는 많은 관광호텔과 위락 시설이 자리 잡고 있는데 영화에서도 이러한 시설들을 관찰할 수 있다. 이곳에서 클라크는 폭포 난간에서 혼자 장난을 치다 폭포 아래로 떨어지는 어린아이를 구하게 되는데, 이 장면에서 나이아가라 폭포는 어린아이를 구해 내는 슈퍼맨의 영웅적 행위를 극대화하는 멋진 장치로 작용한다. 하얀 물거품을 일으키며 쏟아지는 거대한 폭포수를 배경으로 많은 사람들이 어

폭포 아래로 떨어지는 어린아이를 구해 내는 슈퍼맨. 나이아가라 폭포는 슈퍼맨의
영웅적 행위를 극대화시키는 배경이 된다.

린아이가 폭포 아래로 떨어지는 모습을 안타깝게 지켜보고 있다. 그때
붉은 망토의 슈퍼맨이 떨어지던 어린아이를 안고 솟구쳐 오르는 장면
은 중력을 거스르는 초능력으로 사람들의 소망을 이루어 주는 슈퍼맨
의 면모를 아낌없이 보여 준다.

천둥소리를 내는 물

　나이아가라나 이과수와 같은 초대형 폭포는 극소수에 불과하지만 소
형의 폭포라면 어렵지 않게 발견할 수 있다. 일반적으로 폭포는 하천의
바닥을 이루는 암석이 침식에 강한 단단한 암석과 침식에 약한 무른 암
석으로 구성된 경우에 만들어진다. 특히, 단단한 암석이 상부에 위치하
고 무른 암석이 하부에 분포하는 경우에 전형적으로 나타난다. 하천 바

닥을 이루는 암석에 굳기의 차이(경연차)가 있을 때 단단한 암석은 무른 암석에 비해 침식이 잘 되지 않아 급사면을 이루면서 폭포가 형성되는 것이다. 단층과 같은 지각 운동에 의해서 경사 변환점이 생겨도 역시 폭포가 만들어진다.

하천수가 폭포에 가까워지면 하천수와 접촉하는 하천 바닥이 사라지면서 마찰이 급격히 감소하고 유속이 증가한다. 하부에 분포하는 무른 암석은 하천수의 낙하에 의해 침식되는데 시간이 지남에 따라 단단한 암석층도 제거된다. 이러한 과정이 되풀이되면 폭포를 형성하는 경사 변환점은 점차 상류로 후퇴하다 사라지고 폭포도 없어지게 된다. 폭포가 후퇴하면서 폭포 아래에 무너져 내린 암석은 유량이 많은 시기에 물과 함께 소용돌이치면서 깊은 웅덩이(용소)를 만든다. 따라서 폭포의 아래에는 예외 없이 크고 작은 웅덩이가 자리 잡는다.

나이아가라 폭포는 미국의 오대호 가운데 이리 호에서 온타리오 호 방향으로 흐르는 나이아가라 강에 형성된 폭포로서 미국과 캐나다 국경의 일부를 이룬다. 여기에서 나이아가라는 인디언 말로 '천둥소리를 내는 물'을 의미한다. 나이아가라 폭포는 나이아가라 강 중간에 있는 섬으로 인해 캐나다 쪽의 호스슈 폭포와 미국 쪽의 아메리카 폭포로 구분된다. 말편자라는 의미를 가진 호스슈(Horseshoe) 폭포는 초승달 모양을 이루며, 직선을 이루는 아메리카 폭포에 비해 규모가 크다.

나이아가라 강에 폭포가 형성된 이유를 알기 위해서는 대규모 담수호인 오대호의 형성 과정부터 알아보아야 한다. 과거 빙하가 가장 확대되었던 시기에 북아메리카는 매우 넓은 지역이 빙하에 덮여 있었다. 특히 1만 5천 년 전의 마지막 빙하는 지구 표면 곳곳을 대량으로 함몰시켰고 훗날 오대호가 들어서게 될 지역도 이때 함몰되었다. 기온이 올라가고 빙하가 녹자 지반이 함몰된 곳에 물이 흘러들어 호수가 형성되

호스슈 폭포와 전망대. 나이아가라 폭포는 캐나다 쪽의 호스슈 폭포와 미국 쪽의 아메리카 폭포로 구분된다.

호스슈 폭포의 상부는 이리 호 방면(남쪽)이고 하부는 온타리오 호 방면(북쪽)이다.

었다. 먼저 미시간 호와 이리 호가 형성되었고, 그 후 지속적으로 녹아내린 물이 나머지 호수 바닥을 채웠다. 오대호는 이렇게 형성된 빙하호이다.

한편 이리 호와 온타리오 호 사이에는 물이 흐르는 통로가 생겨났는

나이아가라 협곡 관광 안내도 앞을 지나고 있는 클라크와 로이스. 현재의 협곡은 과거에 폭포가 걸려 있던 지점들이므로 나이아가라 협곡은 폭포의 미래를 보여 준다.

데 이것이 나이아가라 강이다. 오대호는 대부분 해발 고도 173~183m에 해당한다. 그렇지만 온타리오 호는 이들보다 약 100m가 낮은 74m에 불과하다. 따라서 수위가 높은 이리 호에서 수위가 낮은 온타리오 호로 다량의 물이 흘러들게 된 것이다.

그런데 이처럼 호수의 수위에 차이가 생겨난 이유는 무엇일까? 이리 호와 온타리오 호 사이에는 침식에 강한 단단한 암석층이 경사면을 이루고 있다. 단단한 암석과 무른 암석이 교대로 나타나는 퇴적암층이 완만하게 기울어진 경우에 케스타라고 하는 지형을 형성하는데, 무른 암석층은 침식이 쉽게 이루어져 경사가 완만해지고 단단한 암석층은 침식이 잘 이루어지지 않아 급사면을 이룬다. 이리 호와 온타리오 호는 단단한 암석층과 단단한 암석층 사이의 낮은 지대에 위치하는 호수이고, 나이아가라 폭포는 이 두 호수 사이의 급사면에 걸려 있는 폭포이다. 결국 이리 호와 온타리오 호 사이의 고도차는 케스타 지형이 원인임을 알 수 있다.

나이아가라 폭포는 폭포를 이루는 기반암의 상부에는 단단한 암석이, 하부에는 무른 암석이 분포하기 때문에 폭포가 오랜 기간 후퇴하는데도 불구하고 튀어나온 암반으로부터 물이 수직으로 떨어지면서 폭포가 유지되고 있다. 폭포가 후퇴하면 그 후면에는 협곡이 남게 된다. 현재의 협곡은 과거에 폭포가 걸려 있던 지점들이고, 현재 폭포가 걸려 있는 부분도 시간이 지나면 협곡으로 바뀌게 되어 폭포는 점차 상류로 이동하게 된다. 그러므로 나이아가라 협곡은 폭포의 미래를 보여 준다. 〈슈퍼맨 2〉에서 클라크와 협곡을 둘러보던 로이스는 클라크가 슈퍼맨이라는 사실을 확인하고자 스스로 협곡에 뛰어든다. 그렇지만 기대했던 슈퍼맨은 끝내 나타나지 않는다.

　하천에서 폭포와 같이 낙차가 큰 구간은 수력 발전에 매우 유리하다. 나이아가라에서는 1881년 최초로 수력 발전을 시작했다. 그런데 너무 많은 수량이 수력 발전에 이용되자 미국과 캐나다 양국은 폭포를 흐르는 최소한의 수량을 조약을 통해 규정하기에 이른다. 수력 발전을 하기 이전에는 호스슈 폭포가 연간 1m 이상 상류로 후퇴했으나 수력 발전을 위해 하천수를 우회시키자 폭포 위를 흐르는 수량이 감소하면서 침식량도 훨씬 줄었다. 오늘날에는 수력 발전과 강수량, 관광 시즌 등을 감안하여 폭포를 흐르는 물의 양을 인위적으로 조절하고 있다. 아메리카 폭포에서는 침식이 빠르게 진행되자 1960년대 말에 강물을 우회시키고 기반암을 시멘트로 보강하는 공사를 시행하는 등 관광 자원으로서 폭포의 중요성을 인식하고 폭포의 모습을 유지하기 위해 노력하고 있다.

사 죄의 공간, 선교의 공간

남아메리카의 이과수 폭포는 파라나 고원을 동에서 서로 흐르는 이과수 강이 파라나 강과 합류하기 전 약 25km 지점에 위치한다. 이과수는 과라니 어로 '거대한 물'을 의미한다. 사바나 기후 지역인 이곳은 건기에는 유량이 적어 폭포가 두 개로 갈라지고, 우기에는 두 개의 폭포가 합쳐져 너비가 4km에 달하는 거대한 폭포가 된다. 영화 〈미션〉의 시작 부분에서 이과수 폭포의 절경을 한눈에 볼 수 있다.

〈미션〉은 18세기 중반에 아르헨티나(당시 파라과이 영토)와 브라질 국경 지대의 이과수 폭포 지역에서 일어난 실화를 바탕으로 한 작품이다. 예수회 신부들은 원주민인 과라니 족을 선교하기 위해 자치 구역을 만들었다. 실제로 과라니 족의 예수회 전도 부락은 유네스코에 의해 세계 문화유산으로 지정되어 있다. 여기에 대조적인 성향을 지닌 두 신부, 로드리고와 가브리엘이 등장한다. 노예 상인 로드리고(로버트 드니로)는 사랑 때문에 동생을 죽이고 죄책감에 시달린다. 가브리엘 신부

이과수 폭포의 전경을 보여 주는 〈미션〉의 시작 부분.

(제레미 아이언스)는 로드리고를 신부의 길로 인도하고, 과라니 족은 자신들의 형제를 팔아넘긴 로드리고를 용서하고 받아들인다.

이과수 강이 흐르는 파라나 고원은 브라질 고원의 일부로서 대서양 연안의 좁은 해안 평야를 제외한 대부분의 지역이 두터운 현무암층으로 덮여 있다. 이과수 강은 이렇게 현무암으로 덮인 고원을 흘러서 폭포에 이른다. 가브리엘 신부가 죽은 신부를 추모하면서 쌓아 놓은 돌무더기에서 구멍이 많은 현무암 기원의 돌을 관찰할 수 있다. 이 돌은 하천을 따라 오랫동안 흘러온 듯 마모가 많이 되어 각이 사라지고 매우 둥근 모습을 띤다. 신부들이 폭포를 오르는 장면에서도 검은빛을 띠는 현무암의 기반암을 볼 수 있다.

파라나 고원의 표면을 이루는 현무암층은 상대적으로 침식에 강한 단단한 암석인 데 비하여 현무암으로 이루어진 용암 대지의 하부에는 침식에 약한 무른 암석이 분포한다. 이러한 용암 대지에서 단층 운동이 일어나고, 이로 인해 형성된 불연속선을 따라 폭포가 형성되었다.

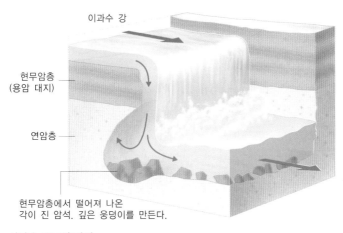

이과수 강

현무암층
(용암 대지)

연암층

현무암층에서 떨어져 나온
각이 진 암석. 깊은 웅덩이를 만든다.

이과수 폭포의 형성.

〈미션〉에서 죽은 신부를 추모하기 위해 쌓아 놓은 돌무더기. 구멍이 많은 돌은 폭포의 상부에서 떨어져 나온 현무암질로 하천을 따라 오랫동안 흘러온 듯 둥글게 마모되었다.

고행을 자처하는 로드리고. 그의 몸은 현무암의 풍화 물질로 뒤덮여 온통 붉은색이다.

검은색의 현무암이 풍화되면 현무암을 구성하는 많은 양의 철로 인해 토양은 붉은색을 띠게 된다. 따라서 이곳을 흐르는 이과수 강물과 폭포수는 적갈색을 띤다. 폭포를 거슬러 오르는 로드리고의 몸이 온통 붉은빛을 띠는 것도 적색의 현무암 풍화토 때문이다. 이러한 빛깔은 이리 호에서 기원하는 나이아가라 폭포의 물이 푸른빛을 띠는 것과 대조를 이룬다. 이과수 폭포의 하부에는 폭포가 후퇴하면서 떨어져 나온 각이 진 커다란 바위들이 쌓여 있다.

〈미션〉의 이과수 폭포는 백인 노예상의 사죄의 공간이자 서구의 영토 분할 과정에서 고통 받는 원주민에 대한 선교의 공간이다. 노예상로드리고는 그동안 입었던 갑옷을 짊어지고 반복해서 폭포를 거슬러오른다. 그는 그동안의 악행에 대해 고행을 자처한다. 이처럼 자신을고통에 빠뜨리지 않고서는 스스로를 견뎌 내기 힘들기 때문이다. 그리고 그의 고행은 과라니 족의 용서를 받으면서 끝을 맺는다.

폭포수 위쪽에 거주하는 과라니 족을 선교하려면 목숨을 건 등반을해야만 한다. 폭포를 오르는 행위는 선교사들에게 죽음을 무릅쓴 고난의 길이자 숭고한 선교의 과정이다. 〈미션〉에서 적갈색의 폭포수가 성스럽게 보이는 이유이다.

아프가니스탄

파키스탄

카라코람 산맥

K2 ▲

네팔

인도

_____산지

산, 거부할 수 없는
이끌림

〈K2〉

산 위에서 일어나는 일들

끝없이 펼쳐진 눈부신 설원과 바닥을 헤아릴 수 없는 거대한 크레바스, 바라만 봐도 아찔한 빙벽. 그곳에서 로프 한 줄에 몸을 의지해 간신히 목숨을 부지하는 긴박한 순간들. 〈K2〉(1991)는 전형적인 산악 영화다. 산악 영화는 산이라는 존재가 주는 경외감과 웅장함 그리고 목숨이 왔다 갔다 하는 위험천만의 상황에 처한 인간들의 적나라한 모습을 보여 주며 관객들에게 마치 자신이 험준한 산을 타는 듯한 느낌을 준다.

산은 흔히 흙산과 돌산으로 나뉘는데 등반가들이 정복하고 싶어하는 세계적인 산지들은 돌산인 경우가 많다. 산악인들에게는 커다란 암반이 드러난 돌산을 맨손으로 오르는 희열만큼 큰 감동도 없는 듯하다. 변호사인 테일러(마이클 빈)와 물리학자인 해럴드(맷 크레이븐)는 깎아

눈썹바위 아래 매달려 있는 사람들. 모든 암반에는 절리가 나타나는데, 특히 돔 모양의 돌산에서는 이렇게 지표면과 나란하게 배열된 눈썹 모양의 절리가 생긴다.

지른 듯한 암벽을 등반한다. 보기만 해도 아찔한 수직의 암벽이지만 곳곳에 갈라진 틈이 있어 그 틈을 발판으로 삼아 암봉의 정상을 향해 오른다. 이렇게 암석에 생긴 틈을 절리라고 한다. 많고 적음의 차이가 있긴 하지만 모든 암반에는 절리가 나타난다. 특히 돔 모양의 돌산에서는 지표면과 나란하게 배열된 눈썹 모양의 절리를 볼 수 있다.

"이 위에선 어떤 일이 일어날지 몰라." "너 자신만을 의지해야 돼." 등반이 힘들어질 때마다 테일러와 해럴드가 서로를 독려하던 말이다. 요즘에는 많은 사람들이 산에 대한 새로운 지식을 가지고 정상에 오른다. 그러나 그러한 인간의 지식을 한갓 무용지물로 만들 정도로 자연의 힘은 대단하다.

K2와 같이 높은 산에서는 날씨가 하루에도 수십 번씩 변화한다. 예고 없이 찾아오는 강한 돌풍과 눈사태도 예외는 아니다. 특히 산 사면에 쌓여 있던 많은 눈이 경사면을 따라 갑자기 미끄러져 내리는 눈사태

갑작스러운 눈사태로 떠밀려 내려가는 텐트. 눈사태는 산 사면에 쌓여 있던 많은 눈이 갑자기 미끄러져 내리는 현상이다.

의 위력은 대단하다. 중력은 모든 것을 잡아당기는 무자비한 힘이다. 안전하게 설치했다고 여겨지던 텐트와 그 안의 사람들이 순식간에 수m 아래로 굴러 떨어져 눈 속에 파묻혀 버린다. 자연 앞에서 우쭐대던 인간들을 혼내기라도 하듯이 말이다.

눈사태는 경우에 따라 시속 320km라는 어마어마한 속도로 그 길목에 있는 것을 모조리 휩쓸어 버리기도 한다. 경사가 30~45도에 이르는 산허리에 쌓인 눈은 '대기 중인 눈사태'라고 불린다. 눈사태는 벼랑 끝에 처마 모양으로 얼어붙은 눈 더미나 기온이 낮을 때 쌓여 있던 상당량의 눈 더미 위에 새롭게 내린 눈이 원인이 되는 경우도 있고, 심지어는 하늘을 날아가는 비행기 소리에 쌓인 눈이 무너져 내린 경우도 있다.

작은 실수도 용납하지 않는 죽음의 산인 K2. 테일러와 해럴드는 우여곡절 끝에 K2 원정대에 합류한다. 그러나 희박한 산소로 인한 호흡 곤란, 거대한 눈사태 등 인간의 미약함을 비웃는 듯 힘을 과시하는 자연 앞에서 그들은 죽음의 공포에 직면한다. 극한 상황에 내몰린 두 사람은 갈등하면서도 서로를 의지하고 위로하며 혹독한 추위와 위험에 맞서 빙벽을 오르고 또 오른다.

하늘의 절대 군주

산의 높이는 산의 나이와 관련이 깊다. 대개의 경우 산이 높을수록 어린 산이고 낮을수록 나이가 많다. 우리가 살아가면서 보는 산은 영원히 변치 않는 것처럼 보인다. 산의 수명이 인간의 수명보다 훨씬 길기 때문이다. 산이 솟아올라 높은 산지가 되었다가 다시 깎여서 낮아지게 되는 과정에는 인간의 이해를 초월하는 시간이 소요된다. 이런 면에서 본다면 K2는 생성된 지 얼마 안 된 어린 산이다.

K2(약 8,611m)는 히말라야 산지 중 파키스탄과 중국 국경 사이에 있는 카라코람 산맥의 최고봉이자 에베레스트 산(약 8,844m) 다음으로 높은 세계 제2의 고봉이다. 히말라야(Himalaya)는 산스크리트 어로 눈(雪)을 뜻하는 히마(Hima)와 거처(居處)를 뜻하는 알라야(Alaya)의 합성어로 '눈이 사는 곳', 즉 만년설의 집이란 뜻이다. K2가 있는 카라코람 산맥은 인더스 강 상류에서 서쪽 힌두쿠시 산맥에 이르기까지 약 500km에 걸쳐 뻗어 있는 대산맥으로, 네팔 쪽의 히말라야에 비해 위도가 5도 정도 높다. 따라서 고온 다습한 인도양의 영향을 덜 받아 매우 건조하고, 그로 인해 동물이나 식물이 생존하기 어려운 불모지대이다.

유명한 산들은 대부분 멋진 이름을 가지고 있는데 왜 K2는 과학 기호 같은 이름으로 불리는 걸까? K2가 서방에 처음 알려진 것은 1856년 영국의 측량 장교 몽고메리에 의해서였다. 카라코람 산맥을 바라본 몽고메리는 고봉들의 이름을 식별하기 쉽게 K1, K2 식으로 붙였다. K2는 카라코람의 2호라는 뜻으로, 당시 현지에서 부르는 이름을 알 수 없었기 때문에 이 기호를 그대로 사용하게 되었다.

히말라야 산맥이 과거에 바다였다면 믿을 수 있을까? 판 구조론에 따르면 지구는 여러 개의 지각판으로 구성되어 있다. 이 판들이 서로 부딪치고 한쪽 판 아래로 들어가기도 하면서 산맥이 만들어지기도 하고 화산 활동이 일어나기도 한다.

히말라야 산맥도 유라시아 판과 인도-오스트레일리아 판이 서로 충돌하면서 만들어진 것이다. 원래 유라시아 판과 인도-오스트레일리아 판의 경계에는 바다가 있었다. 그런데 인도-오스트레일리아 판이 유라시아 판 쪽으로 북상하면서 점점 바다가 좁아지게 되었고, 이 두 판이 서로 부딪치면서 융기하여 오늘날의 히말라야 산맥이 형성된 것이다. 이로 인해 현재 히말라야 산맥 정상부에서는 수중 생물의 화석이 발견된다.

'산' 하면 푸른 수풀을 연상하지만 K2는 온통 깎아지른 듯한 바위와 만년설, 빙하뿐이다. 20~50℃의 중위도 지역에서는 해발 고도가 약 6,000m를 넘으면 수풀을 찾아보기 어렵고 늘 눈으로 뒤덮여 있는 만년설이 나타난다. 이러한 만년설이 다져지고 얼어서 만들어진 것이 빙하이다. 얼음 덩어리인 빙하는 무거워지면 산 아래로 이동을 시작한다. 그러나 매우 느리게 움직이기 때문에 육안으로 그 흐름을 확인하기는 어렵다. 현재까지 알려진 빙하의 최대 속도는 하루 45m로 기록되어 있지만, 하루에 수cm~수mm의 이동 속도가 일반적이다.

빙하가 산 아래로 미끄러져 내려가면서 움푹 들어간 곳을 더 넓히게 되면 원형 극장 모양의 권곡(반원형의 오목한 지형)을 형성한다. 봉우리의 사면에 3~4개의 빙하에 의해 움푹 파인 권곡이 만들어지면 봉우리가 뾰족한 모양으로 변하게 된다. 이렇게 형성된 뾰족한 봉우리를 호

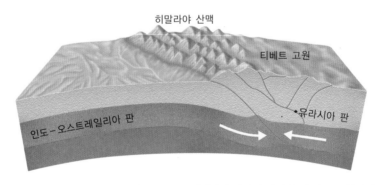

히말라야 산맥의 형성 과정. 인도-오스트레일리아 판이 유라시아 판 쪽으로 북상하면서 점점 바다가 좁아지게 되었고, 이 두 판이 서로 부딪치면서 융기하여 오늘날의 히말라야 산맥이 형성되었다.

봉우리가 뾰족한 고봉군(高峰群). 이렇게 피라미드처럼 날카로운 봉우리들은 빙하
에 의해 형성된 것으로 호른이라고 부른다.

른(horn)이라고 부른다. K2의 뾰족한 회녹색 봉우리와 스위스의 알프
스 산맥에 있는 마터호른이 바로 이러한 과정을 거쳐서 형성된 것이다.

　K2는 여러 개의 빙하에 둘러싸여 있는 삼각뿔 형태의 독립된 봉우리
로 주위의 산들과 이어져 있지 않다. K2는 마치 여러 대신을 거느리고
있는 대왕처럼 주위를 완전히 압도하며 준엄하게 군림하고 있는 형세
인데, 이 때문에 파키스탄 사람들이 K2를 '하늘의 절대 군주'라고 부르
기도 한다.

움직이는 얼음, 빙하

　빙하는 움직이는 얼음 덩어리이다. 빙하가 산 아래쪽으로 움직이는

산악인들이 두려워하는 빙하의 갈라진 틈 크레바스. 등반대가 눈에 덮여 있는 크레바스를 건너고 있다.

이유는 엄청난 무게 때문이다. 내리누르는 압력으로 인해 빙하의 밑바닥이 녹거나 다시 얼면서 얼음 덩어리 전체가 산 아래쪽으로 미끄러지는 것이다. 빙하는 양쪽 측면과 밑바닥보다는 상대적으로 마찰이 적은 중심부에서 더 빨리 움직인다. 빙하가 움직이는 속도는 빙하의 두께나 산의 경사 혹은 빙하가 녹아서 만들어지는 수분의 양, 기온 등에 의해 달라진다.

빙하의 밑바닥은 미끈미끈하지만 상대적으로 압력이 덜한 빙하의 상층부는 깨지기 쉽다. 이렇게 빙하의 표면이 갈라진 틈을 크레바스라고 한다. 크레바스는 좁은 곳을 흐르던 빙하가 넓은 장소로 나가는 곳, 빙하가 구불구불 흐르는 곳, 땅 표면이 울퉁불퉁한 곳에 잘 생긴다. 최초로 형성될 때는 폭이 수mm~1cm에 불과하지만 점점 커지게 되면 그 폭과 깊이가 수십m에 달하기도 한다.

히말라야 산맥에 사는 티베트계의 한 종족을 셰르파(Sherpa)라고 한

정상에 오른 테일러와 해럴드. 두 사람의 발아래 빙하가 지나간 U자형 계곡이 펼쳐
져 있다.

다. 이들은 고산 지대에서 태어나 산과 더불어 생활해 왔기 때문에 등
산에 숙달되어 있어 등반대의 안내원으로 주로 일한다. 산에 대해 잘
알고 있는 셰르파는 빙하의 움직임, 크레바스의 위치, 눈사태가 일어날
듯한 장소와 시간 등을 직감적으로 알고 있는 경우가 많다.

〈K2〉에서 등반을 안내하는 셰르파들이 이전에 내린 눈이 크레바스
위에 덮여 있어 계속 등정하는 것은 위험하다고 말리는 장면이 나온다.
등반대는 이러한 셰르파들을 설득하여 무리하게 크레바스를 건너다가
눈의 일부가 무너져 내려 실족하는 아찔한 순간을 겪는다. 이처럼 등반
하는 사람은 자칫 크레바스를 발견하지 못하는 경우가 있다. 크레바스
를 덮고 있는 눈은 사람의 몸무게를 감당할 수 있을 만큼 두껍고 단단
한 것도 있지만 사람의 몸무게를 이기지 못하고 예고 없이 무너져 버리
는 경우도 많다.

로키 산지의 모레인. 모레인은 알프스 산지에서 사용되는 프랑스의 토속어로 '언덕' 또는 '돌더미'를 가리킨다. ⓒ 양희경

　오늘날 빙하가 덮여 있는 곳은 지표의 10분의 1에 불과하고 그것도 대부분 극지방이다. 그러나 과거 빙하 시대에 빙하가 깎아 놓은 울퉁불퉁한 지형들은 아직도 많이 남아 있다. 영화에서 테일러와 해럴드가 K2 정상을 정복한 후 산 아래를 내려다볼 때 나타나는 경관이 그것이다.

　빙하는 커다란 규모의 고체 덩어리이기 때문에 지표면의 경사에 민감하지 않다. 따라서 빙하는 육지의 강처럼 항상 높은 곳에서 낮은 곳으로 흘러가지는 않으며, 흘러가면서 계곡을 곧게 하고 폭을 넓히는 성질이 있다. 빙하가 지나간 계곡은 쉽게 알아볼 수 있다. 강물이 흘러간 계곡은 중력의 영향으로 인해 그 모양이 V자형이 많은 데 비해, 빙하가 지나간 계곡은 U자형이 많으며 주변의 바위에는 빙하에 의해 긁힌 자국들이 많이 남아 있기 때문이다. 또한 빙하가 녹은 물이 산간에 호수를 이루기도 하고, 빙하가 이동하면서 빙하 밑에 있던 돌을 뽑아내 먼 곳으로 운반하기도 한다. 이때 운반되어 쌓인 돌무더기를 모레인(moraine) 또는 빙퇴석(氷堆石)이라 한다.

산은 오르기도 어렵지만 내려가는 것은 더욱 어렵다. 깎아지른 암봉과 크레바스로 뒤덮인 히말라야의 산지는 그리 호락호락하지 않다. 끊임없이 인간의 인내와 한계를 시험한다. 테일러와 해럴드도 K2를 정복한 후 내려오는 길에 조난을 당한다. 특히 해럴드는 추락으로 다리가 부러지는 중상을 입는다. 친구인 테일러는 자신의 목숨도 위험해지지만 끝까지 친구를 포기하지 않고 험준한 산지와 맞서 싸운다.

어떤 의미에서 우리의 나날은 K2처럼 험난한 산을 오르는 상황과 비슷한 것인지도 모른다. 그중 일부는 산을 오르다 포기하기도 하고, 또 일부는 혼자만 올라가겠다고 발버둥을 치기도 한다. 산에는 오르막이 있으면 내리막도 있다. 인생의 고비도 그러하다. 예기치 못한 악천후와 뜻하지 않은 인연이 기다리고 있을지도 모른다. 예측할 수 없는 미래처럼. 그렇지만 우리는 계속 정상을 향해 전진해야 한다. 서로의 어깨를 토닥여 주면서. 왜냐하면 산이 거기 있으니까.

북극해

알래스카
미국

캐나다

그린란드
(덴마크)

04

_____극지형

하늘 아래 첫 땅
북극

〈아타나주아〉

빠른 자가 영웅이 되기까지

아타나주아는 빠른 자이며 에스키모의 신화적 인물이다. 북극을 배경으로 한 영화는 많지만 그 땅의 진정한 주인인 에스키모가 주인공으로 등장하는 영화는 흔치 않다. 〈아타나주아〉(Atanajuat, 2001)는 감독인 자카리아스 쿠눅을 포함하여 대부분의 배우와 제작진이 에스키모이다. 따라서 이 영화는 에스키모가 만든 에스키모의 영화로서는 최초이다.

어느 날 사내아이가 태어난다. 그 아이의 이름은 아타나주아(나타 운갈라크)가 된다. 에스키모들은 태어난 아이의 미래를 내다보고 이름을 붙인다. 예전에 부족의 지도자 자리를 놓고 다투었던 라이벌 집안의 두 청년, 아타나주아와 오키는 이젠 한 여자를 놓고 맞서야 하는 운명이다. 어린 시절 오키와 정혼했던 처녀 아투아(실비아 이바루)는 아타나주아에게 마음이 끌린다. 결국 아타나주아와 아투아가 결혼하면서 비극의 씨앗이 뿌려진다. 여기에 아타나주아가 오키의 여동생 푸야를 두 번째 부인으로 맞으면서 두 집안의 악연은 점차 복잡하게 얽혀 든다.

평소대로 온 가족이 한 텐트에서 잠을 자던 중 푸야는 옆에 누운 아타나주아의 형인 아막주아를 유혹하다 쫓겨난다. "난 아무 짓도 하지 않았다. 그런데 아타나주아가 날 죽이려고 한다."는 푸야의 거짓말이 오키의 복수심에 불을 지른다. 오키와 그 형제의 습격을 받아 형 아막주아는 죽고 아타나주아는 타고난 달리기 실력 덕분에 가까스로 목숨을 건진다. 너무 맑아 살이 베일 것 같은 얼음판 위로 실오라기 하나 걸치지 않은 채 달리는 아타나주아의 모습은 생존 본능 그 자체를 보여 준다.

경쟁자를 제거한 오키는 부족의 지도자인 자기 아버지를 살해하고,

해가 지고 어두워지는 빙판 위를 달리는 아타나주아. 아타나주아는 '빠른 자'라는 뜻으로, 에스키모의 신화적 인물이다.

자신을 배신한 아투아를 끊임없이 괴롭힌다. 구사일생으로 목숨을 건진 아타나주아는 인고의 세월을 보낸 뒤 부족과 가족에게로 금의환향한다. 자신의 가족을 죽인 오키와 그 형제에게 복수할 것이라는 예상과 달리 아타나주아는 살인은 더 이상 안 된다며 그들을 용서한다.

〈아타나주아〉의 이야기는 현재의 에스키모 생활을 묘사한 것은 아니다. 구전되는 에스키모의 신화와 1822~1823년에 쓰인 영국 해군 원정대의 일기를 토대로 서구의 문명과 만나기 이전의 에스키모 시대를 재현한 것이다. 영화 속에 등장하는 뼈나 돌로 만든 사냥 도구, 개 썰매, 카약, 가죽 천막 등의 소품은 모두 기계의 힘을 빌리지 않고 과거 그대로 전통의 기술로 만들어 낸 것이라고 한다.

고래 뼈로 만든 긴 칼, 몇 시간 만에 완성하는 이글루, 짐승의 뼈로 만든 선글라스, 아기를 넣을 수 있는 깊은 모자가 달린 여자 옷 등은 에스키모만의 독특한 문화이다. 신비한 전통 놀이와 토끼 발을 들고 행하는 주술 의식, 바다표범과 순록을 즐겨 먹는 식습관 등은 에스키모의 살아 있는 삶의 모습이다. 영화는 에스키모의 삶을 아름답고 신비하게 미화하지 않고 일상적인 생활을 사실적으로 그린다. 도저히 따라 지을 수 없는 에스키모의 순박한 미소, 거친 자연환경 속에서 그들이 보여 주는 유머와 용기, 인내와 관용은 한 문명이 그들의 잣대로 다른 문명을 평가한다는 것이 얼마나 어리석은 짓인가를 깨닫게 한다.

그들이 살고 있는 땅, 북극

에스키모가 살고 있는 땅은 북극 부근이다. 북극은 북극점을 중심으로 펼쳐지는 고위도 지방을 말한다. 남극에는 남극점을 중심으로 광활한 대륙이 있으나 북극의 북극점 주변에는 대륙이 없다. 북극점을 중심으로 북극해가 대부분을 이루며, 여기에 유라시아 대륙과 북아메리카 대륙의 일부, 그린란드와 아이슬란드의 일부가 포함된다. 이곳의 토착민이 바로 에스키모다. 에스키모는 '날고기를 먹는 사람들'이란 뜻을 가지고 있지만, 캐나다 쪽 에스키모들은 자신들을 '진정한 사람'이란 의미의 '이뉴잇'이라고 부른다.

화면 가득 펼쳐지는 얼음 벌판과 그 벌판이 하늘과 맞닿아 이루는 지평선, 거기 수직을 이루는 것은 오로지 서 있는 사람들뿐이다. 땅 위에는 그 흔한 나무도 없고 온통 이끼류와 얼음뿐이다. 북극해 연안은 툰드라 지대로 겨울에는 기온이 영하 40℃ 이하로 떨어지고 여름에도 0℃ 내외이다. 일 년 내내 겨울인 이런 곳에서는 수목의 성장이나 농경이 불가능하다.

하늘과 맞닿은 땅 그리고 사람들. 북극해 연안은 툰드라 지대로 땅 위에 이끼와 얼음만 있다.

또한 툰드라 지대처럼 기후가 매우 한랭한 지역에는 땅속 온도가 일년 내내 0℃ 이하에 머물러 있는 층이 두껍게 형성되는데, 이러한 층을 영구 동토층이라고 한다. 영구 동토층의 위에는 여름에는 녹고 겨울에는 어는 층이 있는데 이러한 층을 활동층이라고 한다. 활동층의 두께는 북극해 연안과 같은 북쪽에서는 1m 내외이고 남쪽으로 내려오면 6m 정도까지 두꺼워지기도 한다. 활동층은 아래에 영구 동토층이 있어 수분이 밑으로 빠지지 못하기 때문에 여름에 녹으면 수분을 많이 함유하게 된다. 그래서 활동층은 경사가 지극히 완만한 사면에서도 잘 흘러내린다. 이로 인해 지표면의 전신주나 울타리, 심지어 가옥이 무너지기도 한다.

에스키모가 순록이나 바다표범 사냥과 같은 수렵 채취 생활을 해야만 하는 이유는 이런 혹독한 추위와 관련이 있다. 그들은 추위를 극복하기 위해 동물의 가죽과 털로 만든 두꺼운 옷을 입는다. 그리고 털옷의 모자를 깊고 크게 만들어 그 속에 어린아이를 넣어서 서로의 체온으

로키 산지의 구조토. 툰드라 지대의 활동층은 여름과 겨울에 융해와 결빙을 반복하면서 물질을 이동시킨다. 이때 큰 돌과 작은 돌이 따로 퇴적하여 원형, 다각형, 그물 모양 등 다양한 크기와 모양의 단위 구조를 형성하며 이런 모양의 땅을 구조토라고 한다. ⓒ 양희경

로 보온이 되도록 한다. 캥거루가 새끼를 품는 것과 흡사하다.

기후는 가옥 구조에도 영향을 미친다. 가옥의 재료를 구하고 날씨에 적응하며 생활의 편리를 추구하기 위해서는 그 지역 나름의 독특한 가옥 형태가 필요하다. 별다른 가옥 재료를 구하기 어려운 북극에서 춥고 긴 겨울을 나기 위해 에스키모는 눈을 이용한 집 외에 목재나 수렵을 통해 얻은 가죽으로 만든 천막을 지었다. 이글루는 이러한 주거 시설을 두루 일컫는 말이었으나, 눈으로 만든 집이 외지인의 시선을 끌어 후에 그것만 일컫는 말이 되었다고 한다.

영화에는 아타나주아가 이글루를 만드는 장면이 자세하게 나온다. 고래 뼈로 만든 날카로운 칼을 이용해 눈 덩이를 벽돌 형태로 잘라 그것을 쌓아올려 벽을 만들고, 그 위에 돔 형태의 지붕을 만든다. 틈이 난

에스키모의 집인 이글루를 만드는 모습. 벽돌 형태로 자른 눈 덩이를 쌓아 올리고, 그 위에 돔 형태의 지붕을 만든다.

곳은 눈으로 막는다. 이글루가 완성된 후 아타나주아는 이글루 안 바닥에 물을 뿌린다. 물을 뿌리는 이유는 바닥 표면을 매끄럽게 만들고 열기를 보존하기 위해서이다. 여름철 마당에 물을 뿌리면 그 물이 증발되면서 열을 흡수하기 때문에 시원해지지만, 이글루 바닥에 뿌린 물은 얼면서 열을 방출하기 때문에 실내 온도가 올라간다. 그 후 바닥에 포유류의 털을 깔아 열기를 보존한다.

에스키모가 융해와 응고, 복사, 기화 등의 과학적 원리를 이해하고 이글루를 짓지는 않았을 것이다. 그러나 그들은 접착제를 사용하지 않고도 눈으로 구조물을 만들었으며, 물을 이용하여 난방을 하였다. 이글루에는 극한 지역에서 살아가는 사람들이 경험을 통해 터득한 삶의 지혜가 담겨 있다.

북극해 연안의 툰드라 지대라고 해서 혹독한 겨울만 있는 것은 아니다. 다만 여름철의 툰드라 지대는 걷기에는 너무 '묽고' 헤엄치기에는

북극의 여름철 하늘과 그 아래 펼쳐진 보랏빛 초원. 기간이 짧기는 하지만 툰드라 지대에도 여름에는 꽃이 피고 곤충류도 번식한다.

너무 '되다'. 가만히 서 있으면 얼음이 녹아 진흙탕 속으로 서서히 발이 빠져 들어간다. 기간이 짧기는 하지만 여름철의 툰드라 지대는 겨울에 비해 모든 것이 풍요롭다. 잠시나마 꽃이 피고 곤충류도 번식한다. 이 계절에는 철새와 순록 등을 볼 수 있으며 바다에는 바다표범, 고래 등이 서식한다. 그래서 여름은 기나긴 겨울을 나기 위해 식량을 준비해야 하는 사냥의 적기이다.

아타나주아가 푸야와 함께 순록 사냥을 떠나는 시기도 바로 이때이다. 하지만 여름철에는 땅이 질퍽하여 멀리 이동하는 것은 불가능하다. 과거 에스키모의 교통수단은 개 썰매가 최선이었기 때문에 얼음이 녹는 여름에는 다른 지역으로 이동하기가 어렵다. 그래서 오키를 피해 도망쳤던 아타나주아가 가족의 품으로 빨리 돌아오지 못하고 얼음이 얼 때까지 기다렸던 것이다.

영화에서 아타나주아 부족은 철저한 공동체 생활을 하며 원시 공산

제의 특성을 보여 준다. 사냥을 해 오면 그것을 잡은 사람이 독점하지 않고 일정한 방식에 따라 공동체에 분배한다. 또한 에스키모는 집단 규모가 어느 정도 이상으로 커지지 않도록 암암리에 상한선을 정해 놓고 있다. 아타나주아 부족도 그 수가 수십 명을 벗어나지 않는다. 이는 출산 조절이나 추방 또는 극단적인 살해 방법 등을 통해 인위적으로 그 수를 제한했기 때문일 것이다. 먹을 것이 부족하고 서로 돕지 않으면 도저히 생활이 불가능한 북극의 툰드라 환경이 만들어낸 독특한 문화의 한 단면이다.

야만과 문명의 차이

끝을 헤아릴 수 없을 만큼 광활한 설원 위에 맨몸으로 내동댕이쳐진다면 어떤 느낌일까? 기계화된 문명의 틀이 아닌 날것의 자연을 온몸으로 느껴야 한다면, 과연 삶이 지속될 수 있을까? 문명은 많은 편리함을 가져다주었지만 한편으로는 인간의 원초적 생명력을 앗아 갔는지도 모른다. 에스키모는 모든 것이 얼어붙은 혹한의 땅에서 살아간다는 사실만으로도 강한 생명력을 환기시키는 존재이다.

에스키모는 몽골계로 우리와 생김새가 매우 비슷하다. 그리 크지 않은 키와 평평한 얼굴 때문에 왠지 친근감을 준다. 그들은 제도적인 교육을 받은 적도 없고 자연 속에서 수렵을 통해 최소한의 것을 얻어서 생활하는 원시적인 집단이다. 그래서 그들을 제도권 속으로 혹은 문명 속으로 끌어들이는 것을 마치 그들을 구원하는 것으로 생각하기도 한다.

그리하여 이제 영화 속 에스키모의 삶은 먼 옛날의 추억일 뿐이다.

에스키모의 원초적 삶. 수렵을 통해 최소한의 것을 얻어서 생활하던 그들이지만 이제는 대부분 문명 속에서 살고 있다.

영화의 배경이 되었던 알래스카와 캐나다 북부의 에스키모들도 자의든 타의든 이제는 대부분이 문명 속에서 살고 있다. 그들의 언어를 잊고 영어를 배우고, 그들의 생활 터전을 떠나 서구의 도시 속에서 다른 사람들과 섞여서 정체성을 상실한 채 살아가고 있다. 육상 교통수단이던 개 썰매는 스노우 모빌로 대체되었고 사냥용 작살은 총으로 대체되었다. 모터보트나 상점에서 산 의복, 다양한 공산품들이 에스키모 문화 속으로 들어왔고, 전통 경제에는 없었던 돈이 필수품이 되었다. 많은 에스키모들이 유랑 생활을 포기하고 도시로 이주하거나 광산 · 유전 지대에서 일하게 되었다.

프랑스의 인류학자 레비스트로스는 세상에는 우월한 문화도 열등한 문화도 없으며, 다만 살기 위해 적응한 다양한 문화가 있을 뿐이라고 했다. 생경한 에스키모들의 원초적인 삶은 점점 발달해 가는 자본주의

화와 정보화가 인간이라는 주체를 잃어버리고 객체를 위한 부속품으로 전락해 가고 있는 서구 문명에 대한 신랄한 비판이기도 하다.

아타나주아가 오키와 그 형제들을 용서하고 부족의 화해와 관용을 구하는 행위는 세계화가 진행되면서 거대 자본이 도덕성을 무뎌지게 만드는 것에 대한 안타까움의 표출이기도 하다. 사실 문명인으로서 우월감을 갖고 있는 서구 현대인들이 원시적이고 야만적이라고 폄하하는 에스키모가 관용과 화합이라는 인류애를 실천하고 있는 모습을 보고 무얼 느낄까?

우리들의 눈과 귀는 이미 콘크리트로 덮인 고층 빌딩과 도시 문명의 시끄러운 소음을 삼켜야 한다. 그 눈과 귀로 저 북극의 아름다움과 때 묻지 않은 영혼의 소리를 제대로 들을 수 있을까? 영화에서 부족의 연장자가 마지막에 한 말은 야만이 문명에게 외치는 가르침이다.

"내 아들 사우리의 자식들, 너 오키, 그리고 너 푸야, 너희는 악마의 삶으로 다른 사람들을 인도했다. 끝도 없이! 이것은 멈춰져야 한다. 그래야 우리 다음 세대들이 더 나은 삶을 살 수 있다. 다른 이들을 학대하는, 살인을 저지르는, 거짓말을 하는 이런 행위들은 이제 끝나야 한다."

우도

●제주

애월

●한림

한라산
1950
▲

제 주 도

◉서귀포

가파도

마라도

05

현무암으로 빚은
제3의 캐릭터

〈연풍연가〉

돌의 왕국

관광 가이드인 영서(고소영)는 제주 공항에서 소매치기를 당한 손님의 지갑을 태희(장동건)의 도움으로 되찾는다. 이후 두 사람은 제주도의 이곳저곳에서 우연히 마주친다. 그리고 어느 날 태희의 제안으로 영서는 태희의 관광 가이드가 되어 두 사람만의 제주도 여행을 시작한다.

제주도를 배경으로 한 〈연풍연가〉(戀風戀歌, 1999)는 영화의 대부분이 제주도를 무대로 하였다는 점에서 흔치 않은 작품이다. 더욱이 로드무비 형식을 취하고 있어 제주도의 다양한 지형적 특성을 고스란히 담고 있다. 사랑의 상처를 안고 있는 남자와 여행지에서의 들뜬 사랑에 조심스러워하는 여자. 두 사람에게 제주도는 서로에게 마음을 열어 가는 의미 깊은 공간이 된다.

〈연풍연가〉에서 제주도는 다른 것으로는 대체되기 어려운 제3의 캐릭터로서 그 역할을 충실히 수행한다. 여행사의 광고판, 호텔방에 걸려 있는 그림, 영서와 태희의 대화, 그리고 이들의 발길이 닿는 모든 장소에서 제주도를 느끼고 만날 수 있다. 영서가 제주도의 여러 지역 가운데 제일 먼저 관광객들에게 안내하는 곳은 폭포이다. 제주도에는 천지연 폭포, 천제연 폭포, 정방 폭포 등 아름다운 폭포가 여러 군데 있다. 제주도에 이처럼 폭포가 잘 발달되어 있는 이유로 이 지역의 기반암과 수계의 분포 그리고 해안 절벽의 발달을 들 수 있다.

제주도는 빗물이 지하로 스며들기 좋은 현무암이 기반암을 이루고 있어 하천을 비롯한 수계가 거의 발달되어 있지 않다. 하지만 투수성이 낮고 조직이 치밀한 조면암질 기반암이 분포하는 남북 방향으로는 소규모의 하천이 발달되어 있다. 조면암이 노출되어 있는 남부의 서귀포

폭포를 배경으로 사진을 찍고 있는 신혼부부. 관광 가이드인 영서가 제주도를 찾아 온 관광객들에게 제일 먼저 안내한 곳이 폭포이다.

일대에는 지반의 융기와 바닷물의 침식에 의한 절벽이 발달되어 있고, 한라산에서 발원하여 남쪽으로 흐르는 하천은 이 절벽으로 흘러내리면 서 폭포를 이룬다.

오늘날 제주도는 외부인들에게는 아름다운 여행지이지만 제주 사람 들에게는 일상의 삶을 영위하는 삶의 터전이다. 제주 출신의 민속학자 고광민의 표현대로 지난날 제주도 사람들은 돌밭에서 태어나 평생 돌 과 싸우다 삶을 마감했다. 돌을 다스리는 것이 곧 농토를 다스리는 일 이었고 돌을 이용하여 바람을 다스리는 슬기를 체득했다. 또한 세면기 부터 등잔, 화로, 풍로, 절구, 구유 등 돌로 만들지 않은 물건이 없을 정 도로 돌과 더불어 삶을 영위했다. 농사를 짓기 위해 밭에서 골라낸 돌 을 쌓아 놓은 머들(돌무더기)과 밭담은 제주도만의 독특한 경관을 자아 낸다.

제주도 대포동의 주상 절리. ⓒ 양희경

　제주의 삶을 특징짓는 지형은 그 특성에 따라 크게 세 부분으로 나눌
수 있다. 해발 고도 400m 이하의 저지대와 섬의 중심부에 있는 한라산
체, 그리고 섬의 여기저기에 산재하는 기생 화산이 그것이다. 이는 제
주도를 형성한 화산 활동과 밀접한 관계가 있다. 제주도는 화산 활동이
시작되기 전에는 수면 위로 드러나지 않았었다. 화산 활동이 시작되면
서 넓고 평평한 섬이 형성되었고 섬의 주위에는 용암이 굳어서 방출된
화산재나 화산력 등이 퇴적되었다. 이후 점도가 낮은 현무암질 용암이
다량 분출되면서 현재의 해안 지대 모습을 만들었다.

산방산, 문섬, 범섬 등의 용암돔은 화산 활동이 서서히 약화되고 용암의 점도가 높아지면서 만들어진 것이다. 한라산체는 휴식 단계에 들어갔던 섬의 중심부에서 다시 화산 활동이 시작되면서 형성되었고, 이와 거의 같은 시기 또는 그 이후에 섬 전체에 걸쳐 기생 화산이 형성되었다.

제주도의 형성 과정에서 알 수 있듯이 제주도를 구성하는 대표적인 암석은 현무암이다. 현무암 가운데에는 암석의 조직이 치밀한 경우도 있지만, '다공질 현무암'이라고 표현하는 것처럼 구멍이 많은 것이 일반적이다. 이 구멍은 마그마 속에 들어 있던 가스가 터져 나오면서 만들어진 것이다. 현무암의 기원이 되는 마그마는 점도가 낮아서 가스가 쉽게 방출될 수 있기 때문이다. 이렇게 점도가 낮은 현무암은 매우 평탄한 지면을 형성한다.

마그마가 지표로 분출될 때에는 하부의 암석이 함께 올라오는 경우가 있는데, 이처럼 마그마와 함께 올라오는 암석을 포획암이라고 한다. 제주도에서는 화강암이나 변성암이 포획암으로 함께 올라오는 것을 관찰할 수 있다. 그런데 이들 암석은 남해안 지역의 기반암과 동일한 것으로 드러났다. 따라서 제주도는 한반도 남해안의 지질 위에서 화산 활동을 통해 형성된 섬으로 보아야 할 것이다.

화산섬 제주도

영서가 태희의 관광 가이드로서 열심히 코스를 설명해 주자 태희는 제주도 전체를 보지 않아도 좋으니 영서가 좋아하는 곳에 가 보고 싶다고 한다. 이제부터 영서가 안내하는 곳은 제주도를 통해 영서 개인을 드러내는 공간이 될 터였다. 그리고 영서가 처음으로 태희에게 안내한 곳은 제주도 사람들이 '오름'이라고 부르는 기생 화산 산굼부리이다. 북제주군에 위치한 산굼부리는 화구의 둘레가 2km로 큰 것에 비해 화구 주위의 높이는 수m에 불과하다. 이렇게 화구 주위가 낮은 언덕을 이루는 이유는 폭발과 함께 주로 가스가 분출하면서 지표를 덮고 있던 물질이 화구 옆에 쌓여 형성되었기 때문이다.

제주도에 산재해 있는 약 400개의 기생 화산은 자칫 황량해 보일 수 있는 화산섬을 정겹고 따뜻한 공간으로 만든다. 제주의 기생 화산들은 풍화 정도가 각기 달라 생성 시기에 차이가 있음을 짐작할 수 있다. 섬의 내부에 위치하는 기생 화산은 한라산체가 형성된 이후에 만들어진 것으로 원형을 그대로 유지하고 있다. 강수량이 많고 온난한 제주도에서 이처럼 화산 지형이 원형을 간직하고 있다는 것은 그 형성 시기가 최근임을 의미한다.

그러나 해안가에 분포하는 기생 화산 가운데에는 풍화가 상당히 진전된 것도 있다. 영화의 첫 부분에 등장하는 성산 일출봉이 이러한 예에 속한다. 성산 일출봉은 수중에서 분출한 기생 화산으로 한라산체가 형성되기 훨씬 이전에 만들어진 것이다. 봉우리가 해수면 위로 높이 솟아 있는 것으로 보아 분출된 이후 제주도에서 전반적인 융기가 있었음을 짐작할 수 있다. 성산 일출봉의 사면에는 암갈색의 화산 쇄설물이 쌓여 있어 육지에서는 보기 힘든 아름다운 퇴적층을 이루고 있다. 또한 오늘날까지 보존되고 있는 왕관 모양의 분화구도 그 모습이 수려하다. 분화구의 삼면은 파랑에 의해 침식되어 절벽을 이루고 있다.

산굼부리를 떠나온 영서와 태희의 앞에는 자연스럽게 휘어진 도로와 그 옆에 완만하게 경사진 오름 그리고 사면 위의 여러 무덤과 무덤을

제주도 사람들이 '오름'이라고 부르는 기생 화산. 그 밑에 무덤을 둘러싼 '산담'이 보인다.

둘러싼 '산담'이 펼쳐진다. 제주에서 흔히 볼 수 있는 산담은 사다리꼴 모양으로 망자의 생전의 지위나 경제적 여건에 따라 규모가 다르다. 경제적으로 어려운 사람들은 산담을 쌓지 못하는 경우도 있다. 산담은 영혼의 영역을 나타내는 경계 구실을 하고 방목 지대에서 소나 말의 침입을 막는가 하면 들불이 무덤으로 들어오는 것을 막는 구실도 한다.

제3의 캐릭터

방풍림으로 둘러싸인 귤밭을 지나 가파른 산길을 올랐다가 바닷가 모래밭을 찾은 태희와 영서 앞에는 온통 백사로 덮인 바닷가가 펼쳐진다. 육지에서는 풍화에 강한 석영이 끝까지 남아서 형성된 석영 모래를

바닷가 모래밭을 찾은 영서와 태희. 육지의 모래 해안보다 더 하얗게 보이고 그래서 바다 빛깔은 더 아름답다.

흔히 볼 수 있다. 그렇다면 석영이 거의 분포하지 않는 화산섬에서는 어떻게 백사가 만들어질까? 이것은 산호나 조개와 같은 바다 생물을 기원으로 하는 산호사나 패사이다. 해저에서 풍화되어 부스러진 산호나 조개가 파도를 타고 해안가에 유입되어 퇴적된 것이다. 이런 해안은 육지의 모래 해안보다 더 하얗게 보이고 그래서 바다 빛깔은 더 아름답다.

영서와 함께 추자도로 가던 배에서 신혼여행 중인 옛 애인을 만난 태희는 얼결에 행선지가 마라도라고 말한다. 결혼까지 준비한 사이였지만 태희의 아버지가 쓰러져 거동이 어렵게 되자 이를 부담스럽게 생각하고 자신을 떠난 사람이었다. 마라도에서 태희는 자신과 옛 애인이 헤어지게 된 이유를 영서에게 말해 준다. 우리나라 최남단에 위치한 마라도에서 태희는 비로서 옛사랑을 털어 버리고 새로운 사랑을 시작한 건지도 모른다.

마라도는 바다 속에서 분출한 화산섬으로 알려져 있다. 가장 높은 지

마라도를 걷고 있는 두 사람. 평탄한 마라도의 모습이 한눈에 들어온다.

파랑의 영향으로 절벽을 이룬 마라도 해안.

역이 해발 30m를 조금 넘는 정도이고 전체적으로 평탄하다. 해안가에
서는 암석으로 이루어진 수직 절벽과 해식 동굴을 관찰할 수 있다. 이
처럼 마라도의 해안에 절벽과 동굴이 발달되어 있는 것은 침식력이 강

용암 동굴에 간 영서와 태희. 동굴 벽에 가로로 새겨진 잔잔한 물결무늬는 용암이 흘렀던 흔적이다.

한 파랑의 영향 때문이다.

　이후 두 사람은 용암 동굴에 간다. 제주도에는 세계적인 규모의 용암 동굴이 많이 분포하며, 특히 북동쪽과 북서쪽 지역에 만장굴, 협재굴 등 용암 동굴이 밀집하여 분포한다. 이 지역은 점도가 낮은 고온의 용암이 풍부하고 지면이 평평하거나 약간의 경사가 있어서 용암 동굴이 형성될 수 있는 조건이 갖추어진 곳이다. 용암은 공기와 접하는 부분은 빨리 식어 굳어지고 내부는 아직 용융 상태로 남게 된다. 여기에 충격이 가해지거나 추가로 용암이 공급되면 용암류의 앞부분이 쉽게 뚫리고 이곳으로 용암이 흘러가면서 내부에 빈 공간, 즉 용암 동굴을 남겨놓는다. 이후에는 기존 용암 동굴이 통로가 되어 용암이 흐르게 되고 이 과정에서 동굴 벽에 무늬를 만들어 낸다. 기존의 용암 동굴 상부에 다시 용암이 흐르면 동굴이 2층, 3층으로 형성되기도 한다.

첫눈에 서로 호감을 갖지만 아무 연고도 없었던 두 사람에게 제주도라는 제한된 공간은 거듭 우연한 만남을 만들어 준다. 만나게 될 사람들은 꼭 만나게 되는 것처럼. 그리하여 어느 가을날 그들만의 여행을 떠나게 되고 상대방에게 조금씩 자기 자신을 드러내어 보여 주기 시작한다. 서로를 알아 갈수록 두 사람의 사랑과 신뢰는 커 가지만 태희가 서울로 떠나는 마지막 날 이들의 약속은 지켜지지 못한다. 만남을 이어가고자 하는 두 사람의 노력은 계속 엇갈리기만 한다.

오름이 바라다보이는 길에서 영서는 장소와 장소를 이어 주는 길에 대해 말한다. "제가 제일 좋아하는 곳이에요. 사람들은 어디에 도착해서 뭔가를 보기를 원하지, 가는 길에 뭐가 있는지 관심이 없나 봐요."

그렇지 않다면……. 영화 속 두 주인공을 따라 제주도 여행을 떠나보는 것은 어떨까? 관광지 제주도가 아니라 대자연이 만들어 놓은 제3의 캐릭터를 찾아서.

베수비오 산 ▲

스트롬볼리 산 ▲

에트나 산 ▲

지 중 해

06

볼케이노, 신의 분노?
정복의 대상?

〈폼페이 최후의 날〉, 〈볼케이노〉 그리고 〈단테스피크〉

신화를 만들고 신화가 되어 버린 화산

오늘날과 같은 최첨단 기계 문명의 시대에도 신화는 건재한다. 아니, 예전보다 더 거대한 시스템 속에서 막대한 물량으로 재생산되고 있다. 기껏해야 단군 신화와 그리스 로마 신화 몇 편 접했던 예전과 달리 요즘 아이들은 그리스 로마 신화를 수십 권짜리 만화책으로 읽는다. 거기에 중국 신화나 북유럽 신화, 아프리카 신화까지 섭렵한다.

지금과 같은 신화 열풍의 도화선이 된 것은 그리스 로마 신화이다. 그리스 로마 신화가 인류 문명에 미친 영향은 넓고 깊다. 화산이란 의미의 영어 단어 볼케이노(volcano) 역시 그리스 로마 신화에서 기원한다. 그리스나 로마 모두 지중해 연안에 위치하며, 그곳은 화산 활동이 빈번한 화산 지대이다. 이러한 지리적 특성이 그리스 로마 신화에도 반영되어 있는데, 그 예가 바로 '볼케이노'의 어원이다.

고대 그리스 인들은 시칠리아 섬에 있는 에트나 산의 화산 활동이 불의 신이자 대장장이 신인 헤파이스토스가 지하 대장간에서 신들의 무기를 만들 때 일어난다고 믿었다. 이 그리스 신화의 헤파이스토스가 로마 신화의 불카누스에 해당되는데, 여기서 화산을 가리키는 볼케이노라는 단어가 생겼다. 플라톤의 기록으로 더욱 유명해진 아틀란티스 대륙의 전설 역시 화산과 밀접한 관련이 있다. 지브롤터 해협 바깥쪽에 있었다는 번영과 풍요의 대륙 아틀란티스가 하루아침에 사라져 버린 것도 지진과 화산 활동 때문이었다고 전해진다.

이처럼 유럽 문명의 모태가 된 그리스 로마 문명이 지중해의 화산대에 위치했다는 지리적 우연성은 화산 활동과 관련된 다양한 신화의 생성에 기여했다. 하지만 지중해의 화산 중에는 신화를 만드는 데 그치지

베수비오 화산의 폭발로 일시에 아비규환의 생지옥이 된 폼페이.

않고, 그 자체로 신화가 되어 버린 화산들이 있다. 그중 대표적인 것이 '폼페이 최후의 날'을 초래한 베수비오 화산이다.

영국 작가 에드워드 불워 리턴(Edward Bulwer-Lytton)의 역사 소설 『폼페이 최후의 날』(1834)이 같은 제목으로 여러 번 영화화되면서 더욱 굳어진, 도시 폼페이에 항상 따라붙는 '최후의 날'이라는 비극적이면서도 공포스러운 수식어. 도시에도 최후의 날이 존재한다면 지구에도 최후의 날이 가능하기에 그 공포의 강도는 더욱 거대해진다.

기원후 79년 8월 24일이라는 분명한 사망일을 갖고 있는 나폴리 근처 연안 도시 폼페이. 2만 명의 사람들, 수많은 건축물들이 집합되어 있던 도시가 어느 날 갑자기 일시에 소멸한 사건은 그야말로 천재지변에 의해서나 가능한 일이다. 그 천재지변의 주인공이 폼페이를 감싸고 있던 베수비오 화산이다. 땅의 쪼개짐, 뜨거운 유황불과 용암의 분출, 화산재로 인한 칠흑 같은 어둠으로 일시에 아비규환을 만드는 화산 활동은 천재지변 중에서도 가장 무서운 천재지변에 해당한다.

장님 소녀 나디아의 도움으로 바다로 탈출한 두 연인. 뒤로 분화를 계속하고 있는 베수비오 화산이 보인다.

당연히 고대인들은 이를 인간에 대한 신의 분노이자 형벌이라고 믿었다. 리턴의 소설을 원작으로 이탈리아에서 제작된 무성 영화 〈폼페이 최후의 날〉(The Last Days of Pompei, 1913)에서 베수비오 화산이 폭발하는 시점은, 아름다운 여인 이오네에게 흑심을 품은 사악한 이집트 신관 아르바체스의 음모로 이오네의 연인 글라우쿠스가 검투장의 사자 밥이 되어야 하는 절대절명의 순간이다. 화산 폭발의 지옥 속에서 악의 화신 아르바체스는 천벌 같은 죽음을 당하지만 선한 두 연인은 신의 분노로부터 면제된다. 화산재로 인한 칠흑의 어둠 속에서도 훤히 길을 찾을 수 있는 장님 노예 소녀 나디아의 도움으로 무사히 바다로 피난할 수 있었기 때문이다.

흥미롭게도 폼페이는 구약 성경에 나오는 사치와 향락, 우상 숭배로 유황 불벼락을 맞아 멸망한 타락 도시 소돔과 고모라와 동일시되는 경향이 있다. 그러나 실제로 폼페이라는 도시가 소돔과 고모라처럼 죄악의 도시라고 보기는 어렵다. 상업과 농업을 중심으로 번성한 항구 도시였을 뿐이다. 하지만 대재앙에서 살아남은 유대 인들은 폼페이의 대재앙이 그리스, 로마, 이집트 등 지중해 일대의 모든 신을 숭배했던 폼페이의 타락과 죄악 때문이라고 했다. 그리하여 이후 점점 세력이 커진 기독교는 중세를 거치면서 베수비오 화산이 폭발할 때마다 더욱 신의 용서와 구원에 매달렸다.

하지만 '신들은 어둠 속에서는 눈을 감고 계시는가? 이런 죄악이 많아지면 죄 없는 사람도 죄 있는 사람도 모두 한꺼번에 멸망해 버리고 말 것이다' 라는 글라우쿠스의 절규처럼, 화산은 죄 있는 사람과 죄 없는 사람을 구별할 정의도 사랑도 분노도 갖지 못한 물리적·화학적 힘일 뿐이다. 이 화산의 정체를 과학적으로 밝혀내려는 사람들의 의지 역시 신화의 역사만큼 끈질겼다.

신화에서 과학으로

그리스 로마 문명은 신화 외에도 많은 자연과학적 저술을 남겼다. 당연히 자신들의 터전이었던 지중해 일대에서 발생하는 화산 활동도 학문적 탐구의 대상에 포함되었다. 탈레스, 플라톤, 아리스토텔레스, 스트라보 같은 학자들도 화산 활동에 관심을 가지고 기록을 남겼다. 그중에서도 베수비오 화산을 가까이서 관찰하기 위해 접근했다가 유황 가스에 질식해 숨진 대(大)플리니우스와, 삼촌의 죽음과 자신이 겪은 베수비오 화산 폭발의 경험을 역사가 타키투스에게 편지로 남긴 조카 소(小)플리니우스가 가장 뚜렷한 업적을 남겼다. 후세의 화산학자들은 플리니우스의 업적을 기려 베수비오 화산 폭발과 비슷한 유형의 분화를 플리니식 분화라고 명명했다.

화산은 분화 유형에 따라 화산 분출물이 격렬하게 폭발하듯이 분출되는 폭발식 분화와 용암이 넘쳐흐르듯이 분출되는 일출식 분화의 두 가지로 나뉜다. 베수비오 화산 폭발에서 유래한 플리니식 분화는 폭발식 분화의 한 유형이다.

18세기에 이르러 베수비오 화산은 기원후 79년의 끔찍했던 폭발 이후 다시 한 번 세계의 이목을 끌었다. 용암과 화산재에 파묻혀 사라졌던 세 도시 헤르쿨라네움, 폼페이, 스타비아의 발굴이 이 때부터 본격적으로 시작되었기 때문이다. 순식간에 덮친 용암과 화산력, 화산재는 이들 도시와 사람들을 폭발 당시의 모습 그대로 수~수십m의 두께로 파묻었고, 그 위로 다시 1,000여 년의 세월 동안 지층이 쌓였다. 따라서 폼페이의 발굴 작업은 르네상스 인들이 그토록 복귀하고자 염원했던 고전 시대 기원후 79년의 일상 세계로 인도하는 시간 여행이었던 셈이다.

19세기에는 폼페이 유적 이외에도 여전히 활동하고 있는 베수비오 화산 자체가 관광 명소로 각광받기 시작했다. 하지만 베수비오 화산의 진정한 가치는 최초의 화산 관측소가 이곳에 세워졌다는 사실이다. 다시 말해 베수비오 화산 관측소가 세워진 1845년부터 화산학의 과학적 발전이 본격화되었다고 볼 수 있다.

화산학의 과학화란 궁극적으로 화산 활동을 얼마나 정확하게 예측하고 예방할 수 있느냐의 문제이다. 1990년대 말에 제작된 영화 〈볼케이노〉(Volcano, 1997)와 〈단테스피크〉(Dante's Peak, 1997)는 바로 화산이 언제 폭발할 것인지, 폭발할 경우 어떠한 위험에 봉착하게 되는지, 그리고 그것을 어떻게 극복해야 하는지에 관한 현대 과학 기술의 당면 과제를 보여 준다.

화산은 정복 가능한 괴물?

〈볼케이노〉와 〈단테스피크〉에서 화산 분출이 일어난 장소는 모두 환태평양 조산대에 속하는 미국 서부 해안 지역이다. 〈볼케이노〉의 배경은 캘리포니아 주 로스앤젤레스이고 〈단테스피크〉의 배경은 워싱턴 주 시애틀 동부에 위치한 가상의 작은 마을이다. 그런데 로스앤젤레스는 인구 300만이 훨씬 넘는 대도시이고 단테스피크는 인구 7,400명의 작은 시골 마을이다. 이 차이는 화산이 분출할 경우 대응 방식이 크게 다를 수밖에 없는 배경이 된다.

〈단테스피크〉의 주인공은 화산 전문가 해리(피어스 브로스넌)다. 그는 미국 지질원 화산 관측소의 지시에 따라 단테스피크의 화산 분출 가능성을 확인하기 위해 미국 서부의 작은 마을로 온다. 그곳은 레이첼(린다 해밀턴)이라는 두 아이의 엄마이자 커피 전문점 주인이 시장을 겸직하고 있을 만큼 작은 마을이다. 그러나 인구 2만 미만의 마을 중에서 가장 살기 좋은 마을로 뽑혔을 뿐만 아니라, 곧 외부 기업에서 관광 산업에 상당액을 투자할 계획이 진행 중인 매우 활기 찬 마을이기도 하다.

해리는 레이첼 시장의 도움을 받아 화산 활동을 분석하는 도중 온천의 수온이 급상승하여 사람이 죽는 사건이 발생하자 마을 사람들의 대피를 요구한다. 하지만 뒤늦게 도착한 상사 폴은 화산 폭발의 확실한 증거가 부족하다며 반대한다. 해리에게는 4년 전 콜롬비아 화산이 폭발했을 때 뒤늦은 대피로 애인을 잃은 아픈 상처가 있다. 해리와는 달리 폴은 화산 폭발 경계령을 내린 후 화산이 폭발하지 않을 경우에 지역이 겪어야 하는 관광객 감소, 부동산 가격 하락 등의 경제적·정치적 피해가 두려웠다. 화산 폭발 경계령의 98%가 허위 경보에 그칠 수밖에

단테스피크의 분화구. 〈단테스피크〉의 주인공 해리는 이 산의 화산 분출 가능성을
확인하기 위해 분화구 안을 조사한다.

없음을 잘 아는 폴은 해리에게 '정치적 · 경제적 문제가 걸리면 자네 실
력은 도움보다 피해가 될 뿐'이라며 냉소한다. 마을 위원회에서도 섣부
른 경계령으로 투자자들을 철수하게 할 뻔한 레이첼 시장을 비난한다.

　이에 따라 경계령을 철회하고 시간을 두고 화산 폭발의 징후들을 조
사해 보기로 한다. 보통 화산이 분출하기 직전에는 지하에서 마그마가
상승하면서 주위에 압력을 가해 화산체 주위에 지각 균열과 지진이 발
생하며, 가스를 미리 분출하기도 해서 화산체 주위의 지열이 상승한다.
영화에서 해리는 화산 분화구에서 분출되는 이산화황의 농도를 확인하
고, 지진계의 진동을 살펴보고, 지형 변형이 발생했는지를 확인하지만
별다른 징후가 발견되지 않는다. 그러던 차에 수돗물에 황산이 섞여 나
온 것을 확인하고 수원지를 찾아가지만 이미 그곳은 이산화황으로 가
득 차 있다.

　갑작스러운 대피령으로 마을 사람들이 우왕좌왕하는 사이, 해리와
레이첼은 할머니를 데리러 산에 올라간 아이들을 찾아 위험을 무릅쓰

단테스피크의 폭발. 온천의 수온이 급상승하며 화산 폭발의 징후가 나타났는데도 눈앞의 이익 때문에 경계령을 철회한 후에 폭발이 일어난다.

고 화산 가까이 접근한다. 이후부터는 할리우드 액션이 본격적으로 펼쳐진다. 화산탄이 날아다니고 화산재로 캄캄해진 산길을 9살짜리 꼬마가 자동차를 운전해 무사통과하는가 하면, 해리가 모는 낡은 트럭은 흘러내리는 용암 위를 질주해도 끄떡없다. 그뿐 아니라 뒤에서 몰아쳐 오는 열운(熱雲 : 화산재, 화산탄, 화산력 등이 고온의 화산 가스와 섞여 산 사면을 따라 빠른 속도로 흘러내리는 현상)보다 빨리 달려 해리와 레이첼 가족 모두를 안전한 폐광 안으로 실어다 준다. 주인공의 영웅적 액션 사이사이에는 화산 상층부에 쌓여 있던 만년설이 녹아 생성된 거대한 화산 이류(泥流)와 홍수로 목숨을 잃는 폴, 사람 목숨을 놓고 돈벌이를 하려던 헬리콥터 운전사가 엔진에 낀 화산 분진으로 추락사하는 장면들이 비춰진다.

〈단테스피크〉는 전형적인 헐리우드식 영화로 자연 재난은 볼거리일 뿐이다. 영화의 초반에는 화산 분출을 예측하기 위해 자연현상으로서의 화산을 객관적으로 세심하게 비춰 주지만, 화산 폭발 이후부터 화산

만년설로 덮인 단테스피크.

녹은 만년설과 수증기 방출로 만들어진 화산 이류와 홍수.

은 〈쥬라기 공원〉이나 〈인디아나 존스〉에 나오는 괴물처럼 캐릭터가 급변한다. 화산이라는 괴물은 주인공의 영웅적 모험을 위해 갑작스럽고 위협적으로 출현했다가 사라지기를 반복할 뿐이다. 또한 주인공 외에 다른 많은 사람들이 화산이라는 자연현상을 어떻게 겪고 대처하는지 카메라는 비추지 않는다.

용암의 흐름을 멈추다?

〈볼케이노〉는 화산 그 자체가 주인공으로서 끝까지 일관된 캐릭터를 유지한다. 물론 또 다른 주인공인 마이크(토미 리 존슨)가 있다. 그러나 마이크는 〈단테스피크〉의 해리처럼 한 명의 영웅이 아니라 LA 비상 대책반을 대표하는 반장이다. 다시 말해 화산이라는 주인공과 맞서 싸울 또 다른 주인공은 마이크 한 사람이 아니라 긴급 사태나 자연재해가 발생하면 시의 전 재원을 통제할 권한을 갖고 있는 LA 비상 대책반과 그 대책반을 조직적으로 지원하는 모든 시스템이다. 따라서 화산 분출 사태가 LA 비상 대책반에 의해 어떻게 조직적으로 극복될 것인지가 이 영화의 관람 포인트이다.

마이크는 화산 전문가가 아니지만 누구보다도 화산의 특성을 잘 파악하고 제대로 대처한다. 그가 그럴 수 있었던 것은 LA 비상 대책반이 소환한 지질학자 에이미(앤 헤이시)의 전문 지식 덕분이다. 또한 무전기 한 대로 수십 대의 헬리콥터와 소방차, 육중한 시멘트 구조물, 폭파 전문가, 20억 달러짜리 건물을 순식간에 폭파시킬 수 있는 권한이 동원될 수 있었기 때문이다. 더불어 거대한 첨단 장비를 통해 화산의 움직임을 도시 구석구석 비춰 주는 비상 대책반의 조직적 지원이 있었기 때문이다. 이것은 수많은 인구와 재화와 시설물이 집적된 대도시라는 인공 공간을 안전하게 유지하기 위한 필연적 선택이기도 하다.

환태평양 조산대에 위치한 로스앤젤레스는 일상적인 지진에 익숙한 대도시이다. 어느 날 상수도 배관 공사를 하던 인부들이 화상으로 사망하는 사건이 발생하는데, 이는 인근에서 진행 중인 지하철 공사로 인한 스팀관 파열 사건으로 처리된다. 불안감을 느낀 마이크는 원인이 확실

LA 비상 대책반 스크린에 비춰진 용암. 용암의 흐름을 인간이 통제하는 것이 가능하다는 느낌을 주는 장면이다.

히 밝혀질 때까지 지하철 공사를 중단하고 가스관을 폐쇄하기를 요구하지만, 시민 생활에 미칠 불편 때문에 거부당한다. 결국 얼마 후 로스앤젤레스 시내 윌셔 대로 타르 구덩이에서 분출한 시뻘건 용암이 거대한 물결을 이루며 시내로 진입하려 한다. 마이크는 고속도로 분리대로 바리케이트를 치고, 수십 대의 소방 헬리콥터로 일시에 물을 쏟아 부어 용암을 굳혀 흐름을 막는 데 성공한다(과학적으로는 이런 방식으로 용암을 멈추는 것이 불가능하다고 한다). 이 장면을 생중계하던 언론은 "거대한 자연의 물리적 힘을 인간의 지혜로 물리친 이들은 가히 영웅이라 해도 지나치지 않을 겁니다."라며 흥분한다.

하지만 잠시 후 에이미는 용암이 지하철 선로를 따라 액체 상태로 더욱 빠르게 이동하고 있으며, 30분 뒤 지하철 선로가 끝나 용암이 지상으로 분출하게 되는 지점은 바로 수천 명의 환자들이 들어차 있는 병원 옆이라는 경악할 만한 소식을 전한다. "용암과 싸운다는 것은 미친 짓이에요. 이놈은 무조건 피해야 해요."라며, 에이미는 30분 안에 분출 지

용암의 흐름을 멈추게 하려는 인간의 시도. 그러나 현무암질 용암이 땅 위에 분출했을 때의 온도는 대단히 높기 때문에, 용암 근처에만 가도 타서 죽거나 심한 유독 가스로 인해 질식사하게 된다. 또한 영화에서처럼 용암을 굳히기 위해 물을 부으면 용암의 높은 열로 인해 뜨거운 수증기가 발생해 위험하다고 한다.

점 근처의 환자들과 사람들을 대피시켜야 한다고 주장한다.

주어진 시간 안에 모두 대피하는 것은 불가능함을 직감한 마이크는 용암의 진행 방향을 인위적으로 바꾸기로 결정한다. 용암의 분출 지점 근처에 있는 거의 완공되어 가고 있는 22층짜리 고층 빌딩을 폭파시켜 고도를 높임으로써 용암이 방향을 바꿔 바다로 빠지는 하수도로 흐르게 하는 방법이었다. 신속하고 일사분란한 움직임 속에서 이 방법은 대성공한다. 곧이어 TV 뉴스 앵커가 용암 분출 사태의 종료를 선언하는 순간 앵커 어깨 위 작은 사진에는 하수도를 통해 얌전히 바다로 흘러들어가고 있는 용암 모습이 잡혀 있다.

〈단테스피크〉에서는 화산 폭발을 예측하기는 하지만 대처 방법은 미리 대피하는 수준에 머물렀다. 〈볼케이노〉에서는 예측뿐 아니라 용암을 적절히 통제해서 도시 전체를 보호하는 단계로 진보한다. 인구 7,400만 명의 단테스피크 마을은 대피가 훨씬 수월한 방법이겠지만, 엄

하수도를 통해 얌전히 바다로 흘러들어가는 용암.

청난 자본과 시설과 인력이 투자된 거대 도시는 쉽사리 포기될 수 있는 장소가 아니다. 따라서 도시를 보호·유지·관리할 통제 시스템에 대한 인적·물적 투자 역시 대단한 규모이다.

하지만 정말 화산을 통제할 수 있는가? 〈볼케이노〉에서처럼 용암류를 이루면서 흘러가는 일출식 분화가 아니고, 〈단테스피크〉처럼 폭발식 분화라면 과연 화산으로부터 도시를 보호할 수 있는가? 기원후 79년의 베수비오 화산 폭발로 사망한 인구는 최소 3,600여 명으로 추정되지만, 로스앤젤레스에 화산 폭발이 일어날 경우 입게 될 인적·물적 피

대도시 로스앤젤레스에서의 화산 폭발.

해는 현재 로스앤젤레스가 보유하고 있는 인적·물적 재산 규모의 상당 부분을 차지하게 될 것이다. 관리해야 할 조직이 거대해질수록 그에 대한 위험과 그 위험을 최소화하기 위한 비용 역시 더욱 커진다. 현대 과학의 발전으로 로스앤젤레스의 불안정한 지반 상태를 너무도 잘 알게 되었음에도 불구하고 지하철을 뚫고 고층 빌딩을 짓고 사람들이 계속 모여드는 이 상황은, 우리가 정말 화산을 정복했다고 믿고 있기 때문인가?

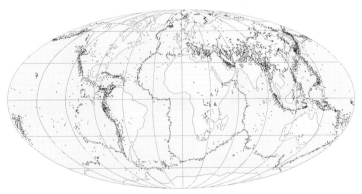

세계의 진원 분포

땅의 갈라짐 – 신의 뜻?

〈일본 침몰〉

일 본의 위치적 딜레마

〈일본 침몰〉(Sinking of Japan, 2006)은 약 338일 안에 일본이 바다 속으로 가라앉는다는 가설 아래 시작된다. 과학자 다도코로 박사(도요카와 에쓰시)는 해저 연구를 통해 지각판의 움직임이 가속화되고 있음을 확인한다. 홋카이도를 시작으로 일본 전역에서 지진과 화산 활동이 심해지고 일본의 중심인 혼슈 중앙부의 후지 산이 대분화를 일으키면 일본은 단숨에 바다 속으로 가라앉게 된다.

시즈오카 현에서 갑자기 땅이 갈라진다. 건물이 흔들리면서 무너진다. 도로가 끊기고 차량이 전복되고 급기야 도시는 불바다로 변한다.

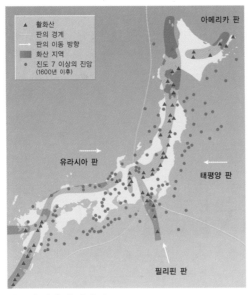

일본의 지진 및 화산 분포.

지진이 발생한 일본의 도시. 규모 7.0 이상의 강진으로 건물이 무너지고 있다.

고층 건물들이 무너지면서 많은 희생자가 생긴다. 불과 몇 십 분 동안에 벌어진 일이다. 주인공 오노데라(구사나기 쓰요시)는 어린 여자 아이 미사키를 간신히 구출한다. 미사키의 부모는 중상을 입고 병원으로 호송된다. 이처럼 순식간에 인간의 삶을 송두리째 빼앗아 갈 수 있는, 지구상에서 가장 끔찍한 자연재해 중의 하나가 지진이다.

지진은 어림잡아 매해 50,000여 회 이상 발생하는 것으로 알려져 있다. 그러나 대개는 고밀도 지진계로만 탐지할 수 있을 정도로 미약한 것이다. 사람들이 확실하게 느낄 수 있는 땅의 흔들림은 연간 10,000회 정도 발생한다. 이중 1,000회 정도가 일본에서 발생하니 하루에 평균 3회 꼴로 땅이 흔들이는 곳이 일본이다.

지진의 원인은 지각판의 움직임 때문이다. 지구의 겉가죽에 해당하는 지각은 10여 개의 판으로 이루어져 있다. 이러한 지각판은 맨틀 위에 떠 있는 뗏목과 같다. 지각판의 움직임은 직접 지진을 일으키기도 하고 다른 형태의 지진에 에너지를 제공하기도 한다.

지각판을 움직이는 힘은 다양한 형태로 나타난다. 모든 지각판은 매년 수mm씩 움직이는데, 이때 서로 부딪쳐서 하나의 지각판이 다른 지

홋카이도의 도야 호. 화산 정상부가 함몰되어 생긴 칼데라에 물이 고여 만들어진 칼데라호이다. ⓒ 양희경

각판 밑으로 들어가기도 하고 서로 반대 방향으로 당기는 힘에 의해 지각판과 지각판 사이에 새로운 지각이 형성되기도 한다. 예를 들어 알프스 산지나 히말라야 산지는 지각판의 충돌로 인해 생긴 것이고, 아이슬란드와 같은 곳에서는 지금도 계속해서 새로운 지각이 형성되고 있다. 이러한 곳에서는 땅이 끊기거나 용암이 분출되기도 하며, 이때 지진도 같이 발생한다.

이중 지진이 자주 일어나는 지역은 필리핀, 일본, 미국 서부 해안 및 남미의 안데스 산지로 이어지는 환태평양 조산대와 알프스 산지에서 서남아시아를 거쳐 히말라야 산지로 이어지는 알프스-히말라야 조산대 등이다. 그렇다고 나머지 지역이 안전하다는 뜻은 아니다. 우리나라도 해마다 약 20~30회의 지진이 발생해 더 이상 안전지대가 아닌 것으로 나타났다.

영화에서는 일본 침몰의 징후로 홋카이도에서부터 시작되는 대지진과 화산 폭발을 예견하고 있다. 일본은 유라시아 판, 필리핀 판, 태평양판 및 아메리카 판의 경계부에 위치해 있다. 이러한 판들이 서로 충돌할 때는 서로의 압력이 증가하게 되고 이러한 압력이 갑자기 방출되면 지진이나 용암의 분출과 같은 화산 폭발이 발생하게 된다. 다도코로 박사는 맨틀 경계면에서 발견된 박테리아의 이상 번식으로 지각판의 움직임이 가속화되고, 이로 인해 지각 하부가 갈라져 떨어지는 현상이 일본 침몰을 야기한다고 설명하고 있다.

신의 뜻을 예측하고 대비하는 인간

지진은 지구적인 힘에 의하여 땅속의 거대한 암반이 갑자기 갈라지면서 그 충격으로 땅이 흔들리는 현상이다. 즉 지진은 지구 내부 어딘가에서 급격한 지각 변동이 생겨 그 충격으로 생긴 파동(지진파)이 지표면까지 전해져 땅을 진동시키는 것이다. 일반적으로 지진은 넓은 지역에서 거의 동시에 느껴진다. 실제 지진 때문에 생기는 피해는 영화가 상상한 도를 뛰어넘는다. 지진은 한꺼번에 수많은 사상자를 내고 피할

항구를 덮치는 거대한 지진 해일. 지진 해일은 쓰나미라고 불리기도 하며 해저 지진이나 해저 화산 분화 등에 의해 발생한다.

수도 없다는 점에서 최악의 자연재해로 꼽힌다.

　그러나 지진이 이처럼 해롭기만 한 것은 아니다. 지진은 지구가 움직이는 원리를 연구하는 데 매우 중요한 역할을 한다. 지진 발생 전후의 모습은 지구의 내부를 조사하고 측정하는 중요한 수단이 된다.

　〈일본 침몰〉에는 지진의 진원이나 진앙과 같은 용어가 자주 나온다. 지진 에너지가 처음 방출된 곳을 진원이라고 하며, 진원에서 수직 방향으로 지표면과 만나는 지점을 진앙이라고 한다. 땅의 흔들림의 정도는 갈라짐이 발생한 땅속 바로 위의 지표, 즉 진앙에서 가장 세고 그곳으로부터 멀어지면서 약하게 되어 어느 한계점을 지나면 느끼지 못하게 된다. 이것은 종을 쳤을 때 사방으로 울려 퍼지는 음파와 같은 성질을 갖고 있기 때문이다.

　지진의 규모는 매그니튜드(magnitude)로 나타내며 M으로 표시한다. 흔히 리히터 규모라고 하며 1935년 미국의 칼 리히터가 제안했다. 지진 규모는 1씩 늘어날 때마다 에너지가 몇 십 배씩 증가한다. 14만 명의 사망자를 낸 일본의 관동 대지진의 경우 규모 7.9로 원자 폭탄의

땅이 흔들리면서 발생한 화재. 지진에 의한 2차 피해로 통신망과 교통망이 파괴되면 희생자를 구조하기 어렵게 되어 피해가 커진다.

1,000배에 해당하는 위력이었다. 전 세계적으로 규모 7.0 이상의 강진은 연평균 10번 정도 발생한다.

지진의 피해는 지진 그 자체에 의해서 발생하는 1차 피해와 이에 따라 나타나는 2차 피해로 나누어진다. 1차 피해는 순간적인 땅의 흔들림 때문에 발생한다. 우선 강한 진동에 의해 지표와 지하 구조물이 파괴된다. 또한 일본처럼 섬나라인 경우에는 해일에 의해 집과 배가 유실되거나 파괴되는 일이 발생한다. 지진으로 인한 해일을 쓰나미라고 부르기도 한다. 영화에도 요코하마 항구 등에 수십m의 지진 해일이 일어나 피난을 떠나던 지역 주민들을 덮치는 장면이 나온다. 지역 방송에서는 해안가 주민들은 고지대로 이동해야 한다는 대피 명령이 계속해서 흘러나온다.

2차 피해는 흔들림의 결과로 발생하는 피해이다. 화재가 발생하거나 전기나 가스, 통신망이나 교통망의 파괴로 인해 나타난다. 이러한 피해는 수백만 명이 거주하는 대도시일수록 더 크게 나타난다. 영화에서 규슈, 히로시마 지방 등 곳곳에서 연속적으로 발생한 지진으로 인해 이동

통신망이 단절되고 철도 및 공항 시설은 대부분 파괴된다. 통신망과 교통망이 파괴되면 희생자를 구조하기가 어렵게 되고 주민들의 대피가 늦어져 더 큰 피해를 야기한다.

지진을 막는 것은 사실상 불가능하다. 그러나 지진에 의해 야기되는 피해는 줄일 수 있다. 가장 중요한 점은 지진이 일어날 때와 일어날 장소를 예측하는 것이다. 두 번째는 재난에 대비하는 것이다. 지진이 언제 어디서 발생할지 과학자들조차 정확하게 예측할 수는 없다. 그러나 지진은 대부분 지각판의 경계에서 발생한다. 따라서 이러한 지역에 땅의 움직임을 알아볼 수 있는 지진계를 설치하고 그 변화를 체크해야 한다. 지진이 일어날 때는 전조가 나타난다. 해수나 온천의 흐름과 양이 변하고 전자기파의 파장이 달라진다. 이 가운데 사람이 느낄 수 있는 것은 땅의 울림이나 지하수 흐름의 변화 정도이고 나머지는 조류, 파충류, 곤충 등 동물들만 느낄 수 있다.

지진을 생활의 일부로 여기는 일본에서는 지진과 같은 자연재해에 관한 연구가 활발히 진행되고 있다. 영화에서 다도코로 박사와 해양 연구원 오노데라와 유우키는 심해 굴착선을 이용해 지구 내부를 탐사하거나 지각판의 움직임이나 지구 환경의 변화를 조사한다. 또한 인공적으로 지진을 발생시켜 땅속에 있는 지진파를 측정하거나 지각 상태를 분석하기도 한다.

지진의 피해를 최소화하려면 건축 구조물을 큰 규모의 지진에도 잘 버틸 수 있도록 튼튼하게 설계해야 한다. 한편 화재나 가스관의 파열과 같은 2차 피해를 예방하기 위해 석유 탱크 등의 발화원, 화학 공장 및 가스관 등을 주거지와 분리시키는 도시 계획이 필요하다. 이 외에 지진에 대비한 평상시의 훈련, 응급 약품과 비상식량 등의 준비, 대피 시설의 확보 등도 필요하다. 일본의 학교와 공장 및 공공건물에서는 적어도

지진 및 화산 폭발을 피해 떠나는 주민 행렬. 대피 훈련이 잘 되어 있어 큰 혼란 없이 대피가 이루어지고 있다.

한 달에 한 번 엄격한 지진 대피 훈련을 해야 한다.

이러한 지진 대피 훈련의 효과는 영화에서도 확인할 수 있다. 일본이 침몰한다는 소식에 일본을 떠나려고 공항이나 항구 및 도로 등이 일시적으로 마비된다. 그러나 곧 일본 정부는 연령 및 대피 지역별로 개인 등록 카드를 만들고 절차와 규정에 따라 피난민들을 외국 혹은 국내의 안전한 곳으로 대피시킨다. 대부분의 일본인들은 침착하게 임시 피난소 생활을 시작한다.

사실 비슷한 규모의 지진이 발생해도 지역마다 그 피해 상황은 달리 나타난다. 일본이나 미국과 같은 지역은 어느 정도 지진의 위험을 줄였지만 세계의 다른 지역은 그렇지 못하다. 세계의 많은 국가들은 너무 가난해서 지진에 대비해 건물을 짓거나 지진 대피 훈련을 하는 것이 불가능하다. 그뿐만 아니라 지진이 발생해도 제공할 구호품이 없는 실정이다.

지진, 그래도 삶은 계속된다

사람들은 왜 지진이나 화산이 자주 발생하는 위험한 지역에 살고 있을까? 왜 위험한 지역인 줄 알면서도 떠나지 않는 것일까?

영화에서 오노데라의 어머니는 피난을 떠나라는 아들에게 이렇게 말한다. "엄마는 여기 남기로 했다. 이 술 공장의 곳곳에는 가족의 추억이 깃들어 있어. 아버지 추억도 가득 묻어 있지. 마지막까지 아버지와 함께 있고 싶어. 목숨보다 소중할 때도 있단다. 누군가를 사랑하는 마음은……."

사람들이 위험한 줄 알면서도 떠나지 못하는 이유는 대를 이어 살아온 삶의 터전을 쉽게 떠나기 어렵기 때문이다. 또한 다른 장소로 이주할 경제적 능력이 없는 경우도 많다. 하지만 가장 중요한 이유는 이러한 지역이 살기에 유리한 점이 있기 때문이다.

지진이나 화산 활동이 잦은 지역에 분포하는 화산암 풍화토는 농작물을 재배하기에 가장 비옥한 토양 중의 하나이다. 따라서 다른 지역에 비해 농작물의 품질이 좋고 수확량도 많다. 일본의 간토 평야(관동 평야)는 간토 롬(loam)이라고 불리는 비옥한 화산회토가 넓게 분포하는 일본 최대의 평야이다. 이곳에는 현재 일본에서 가장 많은 인구가 밀집해 있으며 이 평야의 남단에 수도인 도쿄가 위치해 있다.

또한 지진이 발생하거나 활화산이 분포하는 지역은 지열이 풍부하다. 지열은 증기나 뜨거운 물의 형태로 받아들여져 전력을 생산하는 데 사용된다. 이러한 지열 발전은 연료가 거의 필요하지 않으며, 발전할 때 환경오염 물질을 적게 배출한다. 일본의 경우 1920년대에 처음 지열 발전을 시작하여 현재 지역 주민의 난방이나 시설원예 농업에 많이 이

화산 쇄설물에 파묻힌 화산 근처의 가옥들. 인도네시아 머라피 화산 근처로 이곳 사람들은 2006년 6월 화산 활동이 극에 달해 폭발 일보 직전이었을 때 산 아래로 대피했었다. 그러나 화산 활동이 약간 수그러들자 곧 다시 돌아와 일상생활을 계속했다. 화산 활동이 끊임없이 계속되고 있어도 이들은 소와 염소에게 먹일 꼴을 베러 산으로 간다. ⓒ 김선기

용하고 있다.

화산이 분포하는 지역은 관광 산업이 활성화되기도 한다. 일본의 경우 화산을 구경하러 오거나 온천을 하러 오는 사람들이 많아서 음식점이나 호텔업 등과 같은 서비스업이 발달하게 되어 주민 경제에 큰 이익을 가져다준다.

화산 활동이나 지진이 자주 발생하는 지각판의 경계 지역에는 금이나 은, 구리, 석유 등 수많은 지하자원이 매장되어 있다. 이러한 자원 개발의 이익은 화산 폭발이나 지진의 위험보다 훨씬 크다. 또한 최근에는 과학 기술의 발달로 화산 폭발이나 지진의 발생을 예측하거나 피해를 최소화할 수 있는 다양한 대책들을 마련하고 있다. 그래서인지 활화산 주변 지역 및 과거 지진 피해가 있었던 지역에 살고 있는 사람들의 수가 점점 더 늘고 있다.

수많은 사상자를 야기하는 큰 규모의 지진이 늘 발생하는 것은 아니다. 〈일본 침몰〉을 보면 지진의 피해자들이 매우 담담하게 현실을 받아들인다. 그리고 미래에 관한 희망을 놓지 않는다. 고베 지진으로 부모와 친구들을 모두 잃은 주인공 레이코(시바사키 고우)는 소방청 구조대원이 되어 자신처럼 피해를 당한 희생자들을 한 명이라도 더 구하려고 한다. 지진으로 부모를 잃은 어린 소녀 미사키(후쿠다 마유코)도 담담히 현실을 받아들이고 새로운 일상을 시작한다. 해양 연구원 오노데라는 사랑하는 레이코와 미사키를 위해 목숨을 걸고 폭약을 설치하기 위해 바다 속 깊숙이 들어간다.

영화 속 주인공들에게 이런 자연재해를 가져다준 신을 원망하지 않느냐고 묻는다면 그들은 '어쩌겠어요? 신의 뜻인걸. 그래도 신은 우리 모두를 사랑하시는걸요.' 하고 대답할지도 모른다. 그들이 자신의 생명을 하찮게 여기거나 가슴 속에 간직하고 있는 슬픔과 절망의 크기가 작기 때문은 아닐 것이다. 죽음 못지않게 엄숙하고 소중한 것이 삶인 까닭이다. 죽음은 지나갔지만 삶은 계속되는 것이다.

아일랜드

요크셔데일즈
국립공원

영국

도싯 주

08

_____카르스트 지형

황야를 더 비극적으로 만든
카르스트 지형

〈폭풍의 언덕〉

환경과 인간 운명의 질긴 끈

영화 〈폭풍의 언덕〉(Wuthering Heights, 1992)은 에밀리 브론테의 소설 원작에 충실하게 만들어진 작품이다. 여주인공 캐서린은 쥘리에트 비노슈, 남주인공 히스클리프는 랠프 파인즈가 맡았다.

영화는 한 시골 처녀가 바람이 몰아치는 인적 드문 언덕에 올라갔다가 황폐해진 석조 건축물을 발견하는 것으로 시작된다. 그녀는 무엇엔가 이끌리듯 그 저택에서 일어났음직한 비극적 운명의 사건들을 상상한다. 그 시골 처녀가 바로 에밀리 브론테이다. '폭풍의 언덕' 이란 소설의 제목은 바로 이 저택의 이름이기도 한데, 실제로 잉글랜드 북부 웨스트요크셔 주의 하워드(Haworth) 인근에는 이 소설의 모델이 된 저택이 남아 있다고 한다.

에밀리 브론테가 상상해 낸 비극의 주인공은 폭풍이 부는 언덕 위에

폐가가 된 저택과 에밀리 브론테.

하워드의 황야.

세워진 저택 주인의 딸 캐서린과 그 주인에게 입양된 고아 히스클리프
이다. 캐서린의 아버지가 죽고 평소 히스클리프를 미워하던 캐서린의
오빠 힌들리가 가장이 되면서, 남매처럼 자란 두 사람은 주인집 딸과
하인의 신분으로 변한다. 하지만 둘은 성인이 되어서도 숲 속 새집에서
새알을 찾는 데 열중하는 야생의 연인이었다. 그러던 어느 날 언덕 아
랫마을에 세련되고 부유한 린튼 남매가 이사해 오면서 캐서린과 히스
클리프 사이에 금이 가기 시작한다. 결국 히스클리프는 폭풍의 언덕을
떠나고 혼자 남은 캐서린은 린튼과 결혼한다. 하지만 몇 년 뒤 돌아온
히스클리프의 집요하고 처절한 복수로 인해 언쇼가와 린튼가는 비극적
인 파국을 맞는다.

　세계 10대 소설에 꼽히기도 하는 『폭풍의 언덕』이 처음 출판된 1847
년만 해도, 이 폭풍 같은 사랑과 엽기적이기까지 한 뜨거운 복수가 일
반 독자에게 받아들여지기는 힘들었다고 한다. 그래서인지 언니 샬럿
브론테의 작품 『제인 에어』가 열렬한 호응을 받은 것에 비해 이 책은 냉

랭한 평가를 받았다고 한다. 사람들이 꿈꾸는 달콤하고 낭만적인 연애와는 거리가 먼 『폭풍의 언덕』 속 주인공들은 작가 에밀리가 사랑한 잉글랜드 북부 웨스트요크셔 주의 황량한 환경이 만들어 낸 인물들이다.

소설에서는 폭풍의 언덕(Wuthering Heights)이라는 이름의 유래를 다음과 같이 설명한다.

워더링 하이츠란 히스클리프 씨의 저택 이름이다. 워더링이란 이 지방 사람들이 사용하는 고유한 형용사로서 폭풍이 불어 하늘 모양이 거칠어진 모습을 뜻한다. 저렇게 높은 곳에 집이 세워져 있으니 일 년 내내 비바람이 몰아치지 않겠는가. 축대 위로 불어제치는 폭풍이 얼마나 센가는 집 끝에 서 있는 몇 그루의 전나무가 한쪽으로만 몹시 기울어져 있는 것을 보면 가히 짐작할 수 있을 게다.

지역의 기후를 눈으로 확인하기 좋은 지표는 식생(植生)인데, 웨스트요크셔 주의 황량한 환경을 보여 주는 지표 식생은 히스(heath)다. 히스는 수목이 별로 없는 황야에 자생하는 키 작은 관목류 식생이다. 특히 영국에서는 히스가 무성한 황야를 무어(moor)라고 부르는데, 다트무어(Dartmoor), 노스요크무어(North York Moors)처럼 무어라는 단어가 들어간 지명을 쉽게 발견할 수 있다. 브론테 자매의 고향 하워드에도 '무어'라고 불리는 황야의 언덕이 있고, 그곳에 소설의 무대가 된 워더링 하이츠 폐허가 자리 잡고 있다.

남자 주인공 히스클리프(Heathcliff)란 이름은 '히스꽃이 피어 있는 언덕'이란 뜻으로 이 지역의 환경적 특성이 반영되어 있다. 히스가 잘 자라는 곳은 보통 토양이 척박하거나 기온이 낮고 바람이 세기 때문에 수목이 잘 자랄 수 있는 환경이 아니다. 히스라는 식생에 대해 '황량함, 불모성, 강인함, 외로움'의 이미지를 떠올리는 이유도 이런 척박한 환

히스꽃이 무성한 영국의 황야. 히스는 황야에 자생하는 키 작은 관목류이다.
출처 : http://www.flicker.com/people/davejglaves/

경에서 자라기 때문이다. 이는 주인공 히스클리프란 인물의 성격과도 일치하며 영화 속 공간적 배경 이미지와도 일치한다.

그런데 영화에서 이들의 비극적 운명을 가장 극적으로 상징화하는 배경은 히스가 무성한 황야보다 언뜻 보면 건조 지형의 악지(badland)처럼 보이는 카르스트 지형이다. 불규칙적으로 갈라진 깊은 틈과 울퉁불퉁한 표면의 회색빛 돌무더기 위로 단 한 그루의 나무가 서 있는 황야. 이 비현실적인 분위기의 장소는 캐서린과 히스클리프의 비극적 운명을 예언한다. 그리고 여기서 히스클리프는 그 운명의 실현을 확인한다.

데이트 장소로 애용하던 이곳에서 히스클리프는 캐서린을 위해 밝은

데이트를 즐기는 히스클리프와 캐서린. 울퉁불퉁한 회색빛 돌무더기가 널려 있는 카르스트 지형이 두 사람의 비극적 운명을 암시한다.

미래를 예언해 주기로 한다. 히스클리프는 캐서린의 눈을 감게 하고 말한다.

"네가 눈을 떴을 때 세상이 밝으면 너의 미래도 밝을 거야. 그러나 세상이 어둡고 천둥이 치면 너의 미래도 그래. 자, 눈을 떠."

눈을 뜬 캐서린 앞에는 황야 위로 밝은 태양이 빛나고 있다. 하지만 몇 초도 지나지 않아 등 뒤에서 천둥과 구름이 몰려오기 시작한다. 놀란 캐서린은 "난 상관하지 않을 테야."라고 다짐하지만 이미 두 사람의 얼굴은 먹빛이다. 아니나 다를까 히스클리프는 몇 년 후 바로 그곳에서 캐서린이 죽었다는 소식을 듣고 오열하며 외친다.

"한 가지 기원할 게 있어. 한 가지만 기도하겠어. 혀가 굳을 때까지. 캐서린 언쇼, 내가 살아 있는 한 편히 잠들지 마라. ……유령으로라도 날 괴롭혀 줘. 언제나 내 곁에서 어떤 모습이라도 상관없어. 날 미치게 해 봐. 그러나 날 떠나지는 마."

캐서린이 죽었다는 소식을 듣고 오열하는 히스클리프. 두 사람이 데이트를 즐기던 바로 그곳이다.

이후 히스클리프는 이 어둡고 깊은 바위틈보다 더 깊은 나락으로 떨어져 지옥 같은 여생을 살아가게 된다.

바위가 널려 있는 황량한 땅

영화에서 두 주인공의 비극적 운명을 예언하는 독특한 경관의 카르스트 지형은 왜 이토록 황량한 분위기를 자아낼까? 또 어떻게 생겨난 지형일까?

카르스트 지형이란 석회암으로 인해 발달하는 독특한 지형을 총칭하는 말이다. 카르스트는 구유고슬라비아에 속했던 슬로베니아와 크로아티아의 석회암 지대에 거주하던 사람들이 '바위가 널려 있는 황량한 땅' 이란 의미로 부른 데서 유래한다. 끊임없이 몰아치는 폭풍과 무성한 히스, 바위가 널려 있는 황량한 땅 카르스트, 이 세 요소는 서로 비슷한 정조를 풍기는 환경이라는 점에서 영화 〈폭풍의 언덕〉의 장소 헌팅은 매우 성공적이라고 볼 수 있다.

영화 속 그 장소는 브론테 자매의 하워드에서 약간 북쪽에 위치한, 영국에서 가장 아름다운 카르스트 풍경이 있는 요크셔데일즈(Yorkshire Dales) 국립공원 내의 잉글톤(Ingleton) 지역이다. 잉글톤뿐 아니라 영국과 전 세계적으로 카르스트 지형은 매우 흔하다. 카르스트 지형이 발달하는 석회암이 비교적 흔한 퇴적암이기 때문이다.

석회암은 따뜻하고 얕은 열대의 바다에 서식하는 산호, 바다나리, 완족류, 암모나이트 같이 탄산칼슘을 많이 함유하고 있는 바다 생물들이 퇴적된 후, 오랜 물리적 · 화학적 변화를 거쳐 생성된 퇴적암이다. 이렇게 바다에서 생성된 퇴적암은 지각판의 이동과 융기 운동 등을 통해 잉글톤의 석회암 지대처럼 육지의 지층이 되기도 한다.

그러나 같은 석회암이라도 형성된 시기의 조건에 따라 암석의 특성이 다르기 때문에 카르스트 지형 역시 다양한 모습으로 나타난다. 석회암이 카르스트 지형으로 발달하는 것은 석회암의 주성분인 탄산칼슘이 이산화탄소를 포함한 물에 용해되는 성질이 있기 때문이다. 이렇게 탄산칼슘의 용해와 용해되지 않는 석회암 내 비가용성 불순물이 형성하는 독특한 지형을 카르스트 지형이라고 한다. 그런데 석회암 내 탄산칼슘의 함량과 암석의 밀도 및 절리 발달 정도에 따라 석회암의 용식 정도가 달라져 외관상으로 드러나는 카르스트 지형은 다양하다.

예를 들어 백악기에 형성된 백악질(chalk : 분필의 원료)의 석회암은 전반적으로 하얀색을 띠는데, 암석이 단단하지 않고 구멍이 많아 물이 암석 틈새로 쉽게 통과해 버린다. 이 때문에 탄산칼슘이 물에 용해될

도싯 주의 하얀 절벽. 출처 : *Waugh, D., 1995, Geography*

충분한 시간을 확보하지 못해 카르스트 지형이 잘 발달하지 못한다. 『테스』의 작가 토머스 하디의 고향이자 그의 소설 속 공간적 배경으로 유명한 잉글랜드의 남부 도싯 주에는 백악질 석회암층이 분포한다. 그 래서인지 이곳 해안에서 발견할 수 있는 '하얀 절벽(White Cliff)'은 잉 글톤의 석회암과는 달리 밝고 부드러운 느낌을 준다.

잉글톤의 석회암은 가장 전형적인 카르스트 지형이 발달하는 석탄기 에 형성된 석회암이다. 회색빛을 띠는 석탄기 석회암은 탄산칼슘 성분 이 많을 뿐 아니라 단단하고 절리가 많아 물에 의한 용식이 활발해 카 르스트 지형이 매우 잘 발달한다. 따라서 잉글톤의 카르스트 지형은 회 색빛의 암석 표면이 울퉁불퉁하게 용식되어, 에칭처럼 메마르고 거친 듯 황량하면서도 환상적인 분위기를 연출한다.

게다가 이 독특한 카르스트 지형이 완성되는 데에는 빙하도 한몫 거들었다. 보통 지표면에 드러난 카르스트 지형은 우리나라 충북 제천의 금월봉처럼 금강산 만이천봉을 축소해 놓은 듯 들쑥날쑥 삐쭉삐쭉한 모습이다. 그런데 영화에서 보이는 잉글톤의 카르스트 지형은 암석들의 높이가 거의 비슷해서 평평해 보인다. 이는 빙하기에 형성된 거대한 빙하에 의해 윗부분이 고르게 깎여 나갔기 때문이다. 또한 이 석회암 사이로 깊게 파인 틈들은 빙하기에 녹은 물이 암석의 틈새로 스며들어 얼었다 팽창하면서 형성되거나 물에 의한 석회암의 용식 작용이 계속 진행되면서 벌어진 것이다. 그 틈이 산성비로 인해 더욱 넓어졌다고 한다.

나출 카르스트와 피복 카르스트

우리나라의 영월, 삼척, 정선, 제천, 단양 등 강원도와 충청도 일대에도 카르스트 지형이 나타나긴 하지만 그 분위기는 사뭇 다르다. 왜 우리나라에서 흔히 볼 수 있는 카르스트 지형은 '바위가 널려 있는 황량한' 분위기를 풍기지 않을까? 이는 잉글톤의 석회암처럼 회백색의 석회암이 지표면에 노출되어 있기보다 테라로사라는 석회암이 풍화되어 생긴 붉은 토양층에 덮여 있는 경우가 많기 때문이다.

이를 지형학에서는 나출 카르스트와 피복 카르스트로 구분한다. 나출(裸出)이란 한자어는 '속의 것이 겉으로 드러난다'는 의미로 토양에 덮여 있던 석회암이 지표면에 드러난 상태를 가리킨다. 반대로 피복(被覆)이란 석회암이 토양에 덮인 상태를 가리킨다. 잉글톤의 카르스트 지형도 원래는 토양층이 석회암을 덮고 있었는데 빙하에 깎여 나가면서 드러나게 된 것이라고 보고 있다. 제천의 금월봉 역시 인위적으로 토양

나출 카르스트. 충북 제천의 금월봉으로 인위적으로 토양층을 제거하면서 드러난 나출 카르스트이다. ⓒ 심승희

층을 제거해서 드러난 카르스트 지형이다.

보통 카르스트 지형은 테라로사 토양층에 덮여 피복 카르스트 상태로 있다. 그러다가 자연스러운 침식 작용이나 인위적 작용을 통해 토양층이 제거되면서 나출 카르스트 지형으로 변한다. 토양층이 덮여 있는 피복 카르스트의 경우는 보통의 땅처럼 평범해 보이기 때문에 무심히 지나치기 쉽다. 하지만 테라로사 토양층 아래에서 석회암이 용식되면서 땅이 우묵하게 파이게 되면 우리의 눈길을 끌기도 하는데, 이것이 돌리네(doline)라고 부르는 석회암 용식 와지이다. 또 토양층으로부터 떨어진 지하에서 석회암의 용식이 활발히 진행되면 석회 동굴이 형성되기도 한다.

지표면으로 흐르던 물줄기가 석회암의 용식 작용으로 생겨난 지하의

피복 카르스트. 거대한 돌리네 안에 자리잡은 강원도 정선의 발구덕 마을이다. 붉은
토양층으로 덮인 돌리네를 고랭지 채소밭으로 이용하고 있다. ⓒ 백승일

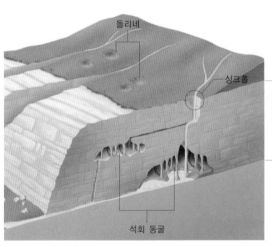

돌리네

싱크홀

석회암층. 이 암석층의
절리면을 따라 물이
침투하면서 용식이
진행된다.

석회 동굴

카르스트 지형의 발달.

틈새로 빠지면 지상에서는 갑자기 물줄기(또는 하천)가 사라지는데, 이렇게 물이 지하로 빠지는 지점을 싱크홀(sinkhole)이라고 한다. 그래서인지 8개의 커다란 구덩이(즉, 돌리네)가 있다 해서 '발구덕'이라는 이름이 붙은 강원도 정선의 한 마을에서는 윗마을에서 버린 물이 조금 있다가 아랫마을 동굴로 빠져나오는 신기한 현상이 발생하기도 한다. 이처럼 석회암 지대에서는 물이 곧잘 지하로 빠져 버려 논농사가 어려우며, 잉글톤 지역처럼 토양층이 발달하지 못한 나출 카르스트 지형에서는 농사나 목축이 발달하기 어렵다.

이렇게 카르스트 지형은 거주 환경으로서는 불리하지만, 그것을 상쇄하고도 남을 만큼 독특하고 아름다운 경관을 가지고 있어 우리의 공간적 상상력을 자극한다. 피복 카르스트 지형에 비해 훨씬 인상적인 외관을 가진 나출 카르스트 지형의 경우는 더욱 그러하다. 그래서일까? 지금이라도 요크셔데일즈 국립공원에 가면, 바위투성이 황야에 부는 거센 바람을 온몸으로 맞고 있는 비극적 연인 히스클리프와 캐서린을 보게 될 것만 같다.

중 국

구이린

미얀마   할롱 베이

타이   베트남

캄보디아

09

_____카르스트 지형

석회암으로 그린 수묵화

〈소림사 2〉와 〈인도차이나〉

동양화의 기원

중국의 구이린(桂林)은 수많은 산봉우리로 이루어진 아름다운 풍경으로 인해 예로부터 많은 예술가들이 글과 그림의 소재로 삼았던 곳이다. 한편 베트남의 할롱베이는 크고 작은 수천 개의 섬이 바다 위에 떠 있어 '바다의 구이린'이라 불린다. 할롱베이는 베트남 북부의 통킹 만에 위치하며 그 규모가 중국 구이린의 10여 배에 달한다. 1994년 유네스코에 의해 세계 자연 유산으로 지정되었으며 섬과 바위로 이루어진 한 폭의 동양화 같다는 평을 받는다.

최근의 여러 영화에는 가파른 사면의 봉우리들이 수없이 펼쳐져 있는 구이린이나 할롱베이가 주요 무대로 등장한다. 그 가운데 〈소림사 2〉(少林寺 2, 1983)는 영화의 대부분이 구이린을 무대로 하였고, 〈인도차이나〉(Indochina, 1992)에서는 이야기의 전개상 할롱베이가 매우 중요한 배경으로 다루어진다.

충적 평야 지역의 봉우리가 특징적인 구이린과 달리 할롱베이는 바다 위의 수많은 섬이 무리를 짓고 있어 두 지역은 경관상으로 매우 상이하다. 그래서 봉우리가 탑과 같이 뾰족한 형태를 띠고 있다는 공통점에도 불구하고, 일반적으로 구이린과 할롱베이의 지형은 함께 다루어지기보다 별개의 지역으로 인식된다. 그뿐 아니라 두 지역은 중국과 베트남이라는 상이한 국가에 속하고 내륙과 해안이라는 서로 다른 공간을 배경으로 하기 때문에 그 기원이 동일할 것이라고 생각하기가 쉽지 않다. 하지만 구이린과 할롱베이는 동일한 기원의 기반암을 근간으로 형성된 대표적인 열대 카르스트 지형으로 해발 고도에 차이가 있을 뿐 지형적으로는 유사한 형성 과정을 겪어 왔다. 두 지역이 이처럼 아름다

〈소림사 2〉의 배경이 된 구이린의 리장 강과 주변의 봉우리들. 한 폭의 동양화를 연상시킨다.

운 풍광을 갖게 된 것은 두 지역 모두 지반을 이루는 암석이 석회암이기 때문이다.

　대부분의 퇴적암이 수중에서 형성되는 것과 마찬가지로 석회암도 해저에서 만들어진다. 바다 속의 생물들이 탄산칼슘을 합성하여 만든 뼈나 껍질은 파도에 의해 부서져 모래나 개흙의 크기로 풍화되어 쌓인다. 오랜 세월이 흐르면 이러한 퇴적물은 석회암으로 굳게 되고, 석회암은 물과 이산화탄소를 만나 용해되면서 다양한 지형을 만들어 낸다. 석회암은 자연수에서도 용해되는데 이것은 물에 녹아 있는 이산화탄소의 작용 때문이다. 이처럼 석회암이 물에 녹아서 만들어진 지형을 석회암 용식 지형 또는 카르스트 지형이라고 한다. 석회암을 기반으로 하는 구이린과 할롱베이에서는 이와 같은 카르스트 지형을 쉽게 만날 수 있다.

　카르스트 지형은 석회암의 성질과 지질 구조 그리고 기후 등에 따라 매우 다양하게 나타난다. 석회암은 형성 과정과 구성 물질에 따라 여러 종류가 있는데, 이 가운데 카르스트 지형이 잘 형성되는 것은 물에 쉽게 용해되는 탄산칼슘의 비중이 높은 암석이다. 조직이 치밀하고 절리가 많아서 수분의 침투가 원활한 경우에도 카르스트 지형은 잘 발달한다. 게다가 카르스트 지형은 물을 매개로 하여 만들어지기 때문에 강수량이 풍부한 지역에서는 석회암의 용식이 활발하게 이루어진다. 반면, 건조 지역에서는 카르스트 지형이 형성되지 않는다. 만약 건조 지역에서 카르스트 지형이 발견되었다면 이는 과거에 이 지역이 습윤했다는 증거이다. 일반적으로 석회암의 용해량은 수온이 낮을수록 그리고 이산화탄소압이 높을수록 증가하는 경향이 있다. 두 가지 중에서도 이산화탄소압이 훨씬 중요한 변수로 작용한다.

구이린, 생기 넘치는 삶의 터전

봉황파 집안에 아홉째 아기가 태어났다. 어머니가 이번에도 딸을 낳자 아버지는 못마땅해하며 얼굴을 찌푸린다. 딸부잣집 봉황파 집안에서는 집안 대대로 내려오는 무당 검법을 전수할 아들을 고대했으나 이번에도 실패하고 만다. 그런데 강 건너 용파 집안은 아들만 여덟이다. 10년 전 용파 집안의 아버지와 삼촌은 산적의 습격으로 부모를 잃은 여덟 명의 아이들을 구하여 보살피며 소림 무술을 전수한다.

두 집안은 사이가 좋지 않지만 아이들은 서로 자기 집안의 무술을 가르쳐 주며 사이좋게 지낸다. 사실 아이들만 이렇게 지내는 것은 아니다. 용파의 아버지는 봉황파 집안의 첫째 딸과, 삼촌은 둘째 딸과 서로 흠모하는 사이이고 용파의 첫째 아들(이연걸)은 무술이 뛰어난 셋째 딸

용파의 첫째 아들과 동생들. 〈소림사 2〉에서 구이린은 봉황파와 용파 두 집안의 삶
의 터전이다.

과 점차 가까운 사이가 된다. 봉황파 집안은 열 번째와 열한 번째 아기
를 한꺼번에 얻는데, 이 가운데 열한 번째가 드디어 아들이다.

그런데 봉황파 집안이 어렵게 얻은 아들을 산적이 납치한다. 용파 집
안의 아버지가 습격해 온 산적에게 상처를 입힌 적이 있는데, 이것에
앙심을 품고 있던 산적이 두 집안을 이간질시켜 용파에게 복수를 하려
는 것이다. 산적은 먼저 봉황파에 침입하지만 용파의 도움으로 봉황파
가 싸움에서 이기고 두 집안은 사돈이 된다.

〈소림사 2〉에서 카르스트 지형이 발달한 구이린은 중국의 전통 무술
을 연마하는 두 집안의 생기 넘치는 삶의 터전으로 등장한다. 영화는
동양화를 연상시키는 풍광에 무협 영화라는 장르를 결합시킴으로써 의
도했던 사실감을 일정 부분 획득하였다.

중국에는 카르스트 지형이 광범위하게 분포하며 형태도 다양하다.
석회암과 백운암 등 카르스트 지형의 근원이 되는 암석이 많기 때문이

며, 그 면적은 대략 중국 총면적의 18%에 해당한다. 특히 광시좡 족 자치구와 구이저우 성 및 윈난 성에 가장 두텁고 넓게 분포한다. 구이린이 속한 광시좡 족 자치구는 석회암의 분포 지역이 전체 면적의 약 50%이며, 석회암의 두께는 대략 3,000~5,000m에 달한다. 구이저우 성은 전체 면적의 80% 정도가 석회암으로 덮여 있다. 이들 지역의 석회암은 중국과 국경을 접하고 있는 인도차이나 반도의 북부까지 연속된다. 국경으로 나뉘어 있긴 하지만 중국의 남부에서 베트남에 이르는 지역은 기원이 동일한 석회암층으로 구성되어 있다.

이들 지역의 석회암은 고생대에 해저에서 퇴적되어 형성된 것으로 지반의 융기와 함께 지상으로 드러났다. 히말라야 산맥과 티베트 고원을 형성한 지각 운동과 동일한 운동에 의해 해저에서 상승한 것이다. 석회암은 따뜻하고 맑은 바다에서 형성되므로 석회암이 분포하는 지역은 과거에 온난한 바다 속이었음을 짐작할 수 있다. 오늘날 이 지역에서 볼 수 있는 수많은 석회암 봉우리와 동굴은 해저에서 퇴적된 석회암이 지상에서 오랜 세월 동안 풍화되고 침식된 결과 형성된 것이다.

열대 기후가 만든 탑 카르스트

카르스트 지형은 기후대에 따라 상이한 모습을 나타낸다. 특히 열대 및 아열대의 습윤한 지역에서는 온대나 냉대 기후 지역에서는 찾아보기 어려운 카르스트 지형이 발달한다. 중국 남부 지역과 베트남 북부의 석회암 지대는 기온이 높고 강수량이 많은 습윤 기후 지역이어서, 열대 카르스트의 대표적 유형인 탑 카르스트가 잘 발달되어 있다.

리장 강에서 만나고 있는 봉황파의 아버지와 산적. 리장 강은 습윤한 기후 지역을 관통하고 있어서 유량이 풍부하다.

탑 카르스트는 석회암 산지가 마치 탑처럼 솟아 있는 것이 특징이다. 산지들은 수직 방향의 절리에 의해 절대적으로 영향을 받는다. 이러한 절리는 지반의 융기 과정에서 많이 만들어진다. 해저에서 막대한 압력을 받던 퇴적암이 융기하여 지표에 노출되면 무거운 하중이 제거되면서 팽창하고 이로 인해 암석에 절리가 발달한다. 탑 카르스트는 절리를 따라 수직 방향의 침식이 이루어지는 동시에 저지대가 범람하거나 하천의 곡류에 의하여 평야나 하천과 만나는 탑의 아랫부분을 중심으로 용식이 이루어지면서 형성된다.

구이린 지역에서 석회암층의 침식이 이루어져 오늘날과 같은 탑 카르스트 지형이 형성된 것은 이 지역이 연 강수량 1,300~1,800mm의 습윤한 기후 지역이기 때문이다. 이 지역을 관통하는 리장 강(漓江)은 사면의 하부를 침식하고 높은 여름 기온은 화학적 풍화를 촉진한다. 리장 강 주변에는 석회암 탑이 150m까지 수직으로 솟아 있는 경우가 많

구이린의 탑 카르스트. 출처 : 서무송 외, *2004*, 『*지리학 삼부자의 중국 지리 답사기 (상)*』

다. 오늘날 티베트 고원에서도 탑 카르스트 지형이 발견되고 있는데, 이처럼 해발 고도가 높은 곳에서 열대 카르스트 지형이 발견되었다는 것은 과거에 이곳이 습윤한 열대 환경이었음을 의미한다. 영화에서 봉황파의 아버지와 산적이 리장 강에서 만나는 장면에서 구이린의 탑 카르스트와 유량이 풍부한 하천의 모습을 관찰할 수 있다.

전 설의 바다 할롱베이

중국의 윈난 성과 광시좡 족 자치구의 석회암은 국경을 지나 북부 베트남의 할롱베이로 이어진다. 할롱베이는 북부 베트남의 홍가이 시 인근 해안 지역으로 중국의 남부와 동일한 기원을 갖는 석회암층을 기반으로 한다. 다만, 이 지역은 중국의 남부에 비해 해발 고도가 낮기 때문에 충적 평야 위의 봉우리가 아닌 바다 위의 섬으로 남아 있다.

할롱베이라는 지명은 용이 하늘에서 내려온 만이라는 뜻으로, 이 지역의 전설에서 유래한다. 바다를 건너 침략자들이 쳐들어오자 이를 막기 위해 하늘에서 용이 내려와 입에서 보석과 구슬을 내뿜었고, 그 보석과 구슬은 바다로 떨어져 다양한 모양의 섬이 되어 침략자를 물리쳤다는 것이다. 할롱베이에는 석회암층이 오랜 세월에 걸쳐 바닷물이나 비바람에 용식되어 생긴 3,000여 개의 섬이 바다 위에 솟아 있는데, 날씨나 태양의 빛에 따라 그 모습과 빛깔이 달라진다.

할롱베이를 무대로 한 〈인도차이나〉는 베트남이 프랑스의 지배를 받던 1930년대를 배경으로 한다. 프랑스인 엘리안느(카트린 드뇌브)는 부모를 잃은 베트남의 공주 카미유(린단팜)를 양녀로 키우며 남부 베트남에서 고무 농장을 경영한다. 베트남에 온 프랑스인 해군 장교 장(뱅상 페레)은 엘리안느와 연인 사이가 되고 이 사실을 모르는 카미유는 장을 사모하게 된다. 엘리안느는 두 사람을 갈라놓기 위해 장을 북부 베트남의 할롱베이로 전출시킨다.

카미유는 전출된 장을 찾아 길을 떠나고 이 과정에서 베트남 민중이 처한 현실에 눈뜨게 된다. 우연한 사건으로 프랑스 장교를 살해한 카미유는 장과 함께 도피 생활을 하게 된다. 장이 새로 발령 받은 지역으로 배를 타고 들어가는 장면에서 할롱베이의 경관을 관찰할 수 있다. 생활고로 중국에 팔려 가는 사람들을 수송하는 노예선들이 야간을 틈타 몰려드는 장면에서는 바다 위에 떠 있는 섬들을 좀 더 가까이에서 살펴볼 수 있다.

할롱베이를 비롯한 베트남 북부는 석회암을 기반으로 하므로 할롱베이는 물론 내륙으로 들어간 지역에서도 탑 카르스트 지형을 쉽게 발견할 수 있다. 할롱베이에서 돛단배를 타고 떠돌던 카미유와 장을 유랑 극단이 구출해 숨겨 준다. 베트남 독립 운동을 하고 있는 유랑 극단이 카미유와 장을 뭍으로 데려가는 장면에서 내륙 곳곳의 탑 카르스트를 관찰할 수 있다.

구이린의 탑 카르스트에서 침식이 가장 활발하게 이루어지는 부분은 사면 아래쪽의 충적 평야와 맞닿은 곳이다. 하지만 할롱베이는 바다 위에 석회암 봉우리가 솟아 있는 지역이므로 수면으로 드러난 봉우리 가운데 침식이 가장 활발하게 이루어지는 부분은 해수면과 접하는 곳이다. 실제로 모든 섬은 바닷물과 접하는 부분에서 용식이 이루어져 섬의 밑동이 둥글게 보인다. 카미유가 장과 함께 배를 타고 도피하는 장면에서 섬의 아랫부분이 용식된 모습을 볼 수 있다. 섬의 아랫부분에 보다 가까이 접근해 보면 이 부분이 매끄럽게 침식된 것이 아니라 암석 내부

황포돛배를 타고 할롱베이로 들어서고 있는 장.

야간이 되자 할롱베이로 모여들고 있는 노예선들.

할롱베이. 바닷물과 닿은 부분에서 석회암의 용식이 보다 활발하게 이루어져 섬의 밑둥이 둥글게 보인다. ⓒ 양희경

배를 타고 도피하는 장과 카미유. 두 사람이 탄 배가 용식이 많이 이루어진 섬에 근접하여 지나고 있다.

에 수많은 와지를 만들면서 녹아내린 것을 알 수 있다. 현재의 해수면 수준이 오랜 시간 지속된다면 아름다운 할롱베이의 모습도 바닷물에 녹아 전설과 함께 사라져 버릴 것이다.

영화에서 할롱베이는 카미유가 프랑스 장교를 살해하고 도착한 피난처이자 식민지 시절 황포 돛을 단 노예선이 떠다니는 서글픈 장소로 그려진다. 할롱베이로 가는 여정과 할롱베이에서 겪은 경험으로 인해, 베트남의 공주 카미유는 자신의 조국과 자신이 처한 현실에 눈뜨게 된다. 더욱이 프랑스 장교를 살해한 일로 카미유는 자신도 모르는 사이에 베트남의 잔다르크가 되어 있었다. 그녀는 그동안 자신을 실러 준 프랑스인 엘리안느와 부모로부터 물려받는 막대한 유산은 물론이고 장과의 사이에서 낳은 아들까지, 자신이 갖고 있던 모든 것과 이별하고 베트남의 독립을 위해 지하 운동에 투신한다.

불문학자 김치수에 의하면, 이 영화는 프랑스가 '인도차이나를 지배하던 지난날에 대한 향수'에서 만든 영화이다. 이러한 비난에도 불구하고 〈인도차이나〉는 자연 유산으로서의 할롱베이에 주목하게 하는 데는 충분하다.

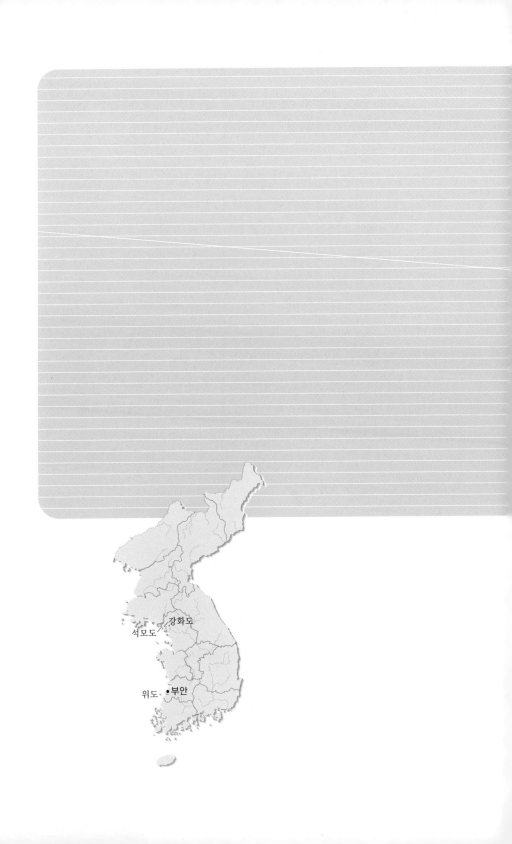

강화도
석모도
위도 •부안

밀물과 썰물이 만든
삶의 공간

〈해안선〉, 〈취화선〉 그리고 〈시월애〉

동해 바닷가?

영화 〈해안선〉(The Coast Guard, 2002)을 소개하는 문구의 일부이다.

'평온해 보이는 동해안의 바닷가. 간첩을 잡겠다는 각오에 찬 강 상병은 군사 경계 지역에서 술에 취한 채 위험한 정사를 벌이던 남자를 간첩으로 오인하고 사살한다. 시체를 본 강 상병은 하얗게 질리지만 간첩 잡은 해병으로 표창을 받고 휴가를 다녀온다.'

해안에는 '경고! 밤 7시 이후 이곳에 접근하는 자는 간첩으로 오인되어 사살될 수도 있습니다' 라고 쓰인 경고판이 서 있다. 이곳에서 근무하는 투철한 군인 정신의 소유자 강 상병(장동건)은 해안 철조망을 넘어 들어와 애인 미영(박지아)과 정사를 벌이던 마을 청년 영길을 간첩으로 오인해 사살하고, 그로 인해 정신적인 장애를 겪는다. 마을 사람들과 부대원들 역시 점점 이성을 잃어 가고 해안은 광기에 휩싸인다.

〈해안선〉은 한정된 공간과 인물을 통해 분단의 비극적 현실을 다루면서 군 조직의 비인간적 특수성을 그려 냈다는 평가를 받았다. 감독은 실제 군 해안 경계 지역에서 영화를 촬영하고자 했으나 군의 사기 저하를 우려한 국방부가 협조를 거부했다. 결국 이 영화의 실제 촬영지는 전라북도 부안군의 위도가 되었다. 위도는 규모는 작지만 해안 절벽과 자갈 해안, 모래 해안 그리고 드넓은 갯벌 등 다양한 지형 경관을 보여 주는 곳이다. 따라서 영화에는 '평온해 보이는 동해안의 바닷가' 라는 소개와는 달리, 우리나라 동해안이라고는 믿어지지 않는 경관이 대거 등장한다.

영길이 강 상병에게 사살되자 정신 이상이 된 미영은 군인들에게 성

〈해안선〉에서 기합을 받고 있는 부대원들. 그 뒤로 황해안의 갯벌이 아득히 펼쳐져 있다.

물이 차오르는 갯벌을 거닐고 있는 미영. 장승에 '새만금 대장군'이라고 새겨져 있다.

적 학대를 당하고 잔인한 방법으로 임신 중절 수술을 받는다. 이 사건으로 해병대원들은 갯벌에서 단체 기합을 받는다. 수km에 걸쳐 펼쳐진 갯벌은 지평선을 보기 어려운 우리나라에서 이국적인 느낌을 자아낸다. 실성한 미영이 바닷물이 차오르는 갯벌을 거니는 장면은 불안과 광기에 휩싸여 가는 해안의 분위기 속으로 관객을 끌어들이기에 충분하다. 장승에 새겨진 '새만금 대장군'이라는 글처럼 영화의 배경이 된 곳은 황해안의 새만금, 정확히는 전라북도 부안의 해창 갯벌이다.

밀 물과 썰물 그리고 갯벌

갯벌은 밀물이 되면 바닷물에 잠기고 썰물이 되면 모습을 드러내는 땅을 말한다. 만조와 간조의 높이의 차가 큰(대조차) 환경에서 잘 발달하는데, 지형어 완만하고 파도가 세지 않으며 육지로부터 미립질 토양이 충분히 공급되는 지역이라면 더욱 좋다. 세계적으로 이러한 조건이 충족되는 곳이 드물기 때문에 갯벌은 희귀한 지형에 속한다. 우리나라의 황해안이 세계 5대 갯벌로 손꼽히는 이유가 여기에 있다.

밀물과 썰물, 즉 조류는 태양보다는 달의 영향을 많이 받는다. 달이 지구와 가까이 있어 규모는 작아도 영향력은 크기 때문이다. 지구에서 달과 가까운 곳은 달의 인력이 크므로 해수가 쏠려 수면이 높아지는 만조가 되고, 그 반대편은 인력보다는 원심력이 크므로 역시 해면이 상승하여 만조가 된다. 달은 지구 둘레를 공전하는 데 28일이 걸리므로 14일마다 달과 태양과 지구는 일직선상에 놓인다. 이 시기는 보름달과 초승달의 시기로서 인력이 최대가 되고 밀물과 썰물이 뚜렷하게 나타나면서 조차가 커진다(사리). 달과 태양이 지구와 직각 방향으로 위치하는 반달의 시기에는 달과 태양의 인력이 서로 상쇄되어 약화되면서 조차가 작아진다(조금).

우리나라에서는 만의 형상을 갖는 황해안이 조차가 가장 커서 약 9m에 달하는 곳도 있다. 특히, 황해는 연안을 따라 북쪽으로 갈수록 조차가 커진다. 이는 황해가 좁고 긴 만이라는 사실과 관련이 있다. 인력에 의해 황해로 들어온 물은 막혀 있는 북쪽으로 올라가다 밀리게 되는데, 밀리는 정도는 북쪽으로 갈수록 심해지기 때문에 조차도 커지는 것이다. 외해에 열려 있는 남해안은 1~2m 정도이고 수심이 깊은 동해안은 조차가 매우 작다.

조차가 클수록 큰 갯벌이 만들어지는 것은 당연하다. 조차가 클수록 썰물 때 더욱 넓은 지역이 육지로 드러나기 때문이다. 그런데 경기만의 갯벌만큼이나 전라남도 지역의 갯벌이 넓게 나타나는 것은 그 지역의 해안선이 매우 길고 섬과 만이 잘 발달되어 있어 퇴적에 유리하기 때문이다. 중남부 지방의 갯벌은 구불구불한 해안을 따라 평균 1~2km의 폭으로 발달되어 있다.

갯벌은 구성 물질에 따라 펄(개흙) 갯벌과 모래 갯벌로 구분하는데, 일반적으로 나타나는 갯벌은 펄과 모래가 부분적으로 섞여 있는 경우가 많다. 우리나라에는 펄 갯벌이나 펄이 우세한 갯벌이 많았으나 일제 강점기 이후 펄 갯벌이 주로 간척되면서 많이 사라졌다. 그러나 유럽의 갯벌에 비하면 여전히 펄 갯벌이 많은 편이다.

만조 때의 해안선과 간조 때의 해안선 사이를 조간대라고 하는데, 동일한 지역에서도 조간대의 상부와 하부 사이에는 갯벌의 모습이 상이하다. 일반적으로 바다에서 육지로 올라갈수록, 다시 말하면 하부 조간대에서 상부 조간대로 갈수록 퇴적물의 입자가 가늘어진다. 이러한 경향은 조류의 유속과 퇴적물의 입자 사이에 밀접한 관련이 있기 때문이다. 조류는 육지에 가까워질수록 해저와의 마찰로 인해 유속이 느려진다. 유속이 느려짐에 따라 입자가 굵은 물질은 가라앉아 쌓이는 반면,

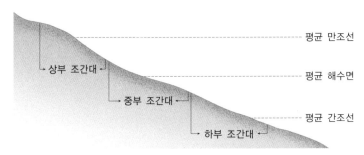

평균 만조선

평균 해수면

평균 간조선

상부 조간대

중부 조간대

하부 조간대

조간대 모식도.

입자가 작은 물질은 조류에 밀려 육지 쪽으로 깊숙이 들어와 쌓인다. 따라서 이따금씩 바닷물에 잠기는 조간대의 최상부는 미세한 퇴적물이 두텁게 분포하고 하부 조간대는 입자가 굵은 모래의 비중이 크다.

광기와 예술 그리고 사랑의 공간

황해안의 갯벌은 〈해안선〉 이외에 몇몇 다른 영화에서 또 다른 모습으로 만날 수 있다. 〈취화선〉(醉畵仙, 2002)에서 장승업이 유랑길에 찾았던 갯벌과 〈시월애〉(時越愛, 2000)에서 일마레(Il Mare)가 서 있던 갯벌은 주제의 상이함에서 오는 느낌의 차이뿐 아니라 퇴적상의 차이로 인해 서로 다른 경관을 보여 준다. 〈해안선〉의 갯벌이 이성을 잃어 가며 고통 받는 마을 사람들과 부대원들의 광기의 공간이라면, 장승업이 만난 갯벌은 화가의 예술적 감수성을 촉발시키는 동시에 예술적 행위의 대상으로서 한 폭의 그림을 연상시킨다. 한편 일마레가 서 있는 갯벌은 시간을 뛰어넘는 사랑의 깊이를 말해 준다.

오원 장승업의 일대기를 다룬 〈취화선〉은 영화의 소재에 걸맞는 영상미로 높은 평가를 받은 작품이다. 장승업(최민식)은 19세기 중후반기를 살았던 인물로 단원 김홍도, 혜원 신윤복과 함께 조선 시대 3대 화가로 일컬어진다. 영화에서 어린 장승업은 선비 김병문(안성기)의 도움으로 한 역관의 집에서 머슴살이를 하게 된다. 그곳에서 중국 화첩을 훔쳐보며 그림을 흉내 내다 눈썰미와 재주를 인정받으면서 화가의 길로 들어선다.

젊은 시절 장승업은 첫사랑 소운(손예진)이 죽자 이별의 아픔을 삭이며 수년간 전국의 산하를 떠돈다. 그러던 어느 겨울 눈발이 날리는 날, 장승업은 염생 식물로 붉게 물든 황해안의 염습지를 찾는다. 염습지는 이따금씩 바닷물이 들어오는 곳으로 갯벌에서 육지에 가장 가까운 곳에 발달한다. 이곳은 두터운 펄 퇴적층 위에 갯골이 깊게 파여 있다. 식생이 자라지 않은 갯골은 눈으로 하얗게 덮인 반면 식생이 정착한 염습지는 흰 눈과 대조를 이루어 더욱 붉게 보인다.

식생이 정착했다는 것은 모래나 펄의 이동이 활발하지 않은 지역임을 의미한다. 펄이나 모래가 조류에 의해 지속적으로 이동한다면 토양이 고정되지 않아 식생이 뿌리를 내릴 수 없기 때문이다. 염습지에 정착하는 식물은 세포 내에 염분을 포함하는 내염성이 강한 염생 식물로서 퉁퉁마디, 갈대, 칠면초, 나문재 등이 대표적이다. 이들 염생 식물은 조류의 흐름으로 인한 침식 활동을 억제하고 퇴적물을 고착시켜 염습지의 퇴적을 촉진한다. 특히 영화에 나오는 염습지는 마치 단풍이 든 것처럼 붉은빛을 띠는데 이는 염분의 농도가 높아서이다. 초기에는 녹색을 띠던 식물들이 점차 시간이 지나면서 염분을 축적하여 농도가 높아짐에 따라 붉은빛이 짙어지는 것이다. 염분의 농도가 낮으면 늦가을이 되어도 녹색으로 남아 있는 경우도 있다.

〈취화선〉에서 해안가를 걷고 있는 장승업. 염분이 축적되어 붉은빛을 띠는 식물로
덮인 염습지가 눈으로 덮인 갯골과 대비되어 더욱 붉게 보인다.

염습지는 보기와는 달리 상당히 혹독한 환경이다. 염도의 변화는 하
구보다 더 심하고 갑작스럽다. 썰물 때 폭풍우가 치는 경우에는 염분이
거의 제거되기도 하고, 만조 때에는 바닷물에 잠기면서 염도가 급격히
올라가기도 한다. 이처럼 혹독한 환경 조건과 높은 염도 때문에 서식할
수 있는 동식물이 적고 생물종도 갯벌보다 다양하지 않다. 염습지는 간
척의 최적지이기 때문에 우리나라에서는 대부분 농경지로 개간되고 국
지적으로만 남아 있다.

장승업은 걸출한 화원으로 성장하고서도 정착하지 못하고 자신만의
예술 세계를 찾아 유랑길에 오른다. 우리나라의 아름다운 풍광들을 두
루 돌아보던 그는 황해안의 갯벌을 지나게 된다. 그곳은 미세한 물질이
두툼하게 퇴적된 펄 갯벌로서 조간대의 상부, 즉 육지에 가까운 곳에
퇴적된 갯벌이다. 이는 젊은 시절 소운을 그리며 떠돌다 마주친 염습지
보다는 하부에 발달한 갯벌이다. 펄 갯벌에는 비교적 큰 규모의 갯골이

갯골이 발달한 펄 갯벌을 지나고 있는 장승업. 갯골은 조류가 흐르는 통로이다.

발달하는데 이는 조류가 흐르는 통로로서 갯벌 생물이 이동하는 길이 기도 하다.

'시간을 넘어선 사랑' 이라는 뜻의 〈시월애〉는 2년간의 시차를 두고 벌어지는 사랑 이야기이다. 1999년 집을 떠나는 은주(전지현)는 옛 애인에게서 올지 모르는 소식을 받아 달라는 편지를 다음 입주자에게 남긴다. 그러나 이 편지는 2년 전 그 집의 첫 입주자인 성현(이정재)에게 들어간다.

영화의 배경이 된 장소는 강화도 서편 바다에 길게 뻗어 있는 석모도이다. 주인공 성현은 갯벌 위에 있는 자신의 집에 이탈리아 어로 '바다'라는 뜻의 '일마레' 라는 이름을 붙인다. 영화의 초반부에서는 바닷물이 빠진 갯벌 위에 일마레가 모습을 드러낸다. 그러나 영화가 점차 후반부로 가면서 일마레가 서 있는 갯벌은 깊은 물에 잠기고 수면 위에는 일마레의 그림자가 아름답게 드리워진다. 물이 차오르듯이 두 사람의

〈시월애〉에서 바닷물이 빠져나간 일마레(위)와 바닷물이 들어온 일마레(아래).

사랑도 점점 더 커진다.

　〈시월애〉의 배경 장소는 해안 도로와 인접해 있는데도 불구하고 상
부 조간대에서 나타나는 두터운 펄 갯벌이 발견되지 않는다. 이는 이미
고려 시대부터 강화도를 비롯한 석모도, 교동도, 고가도 일대에서 간척
사업이 이루어졌다는 점을 고려하면 쉽게 이해할 수 있는 부분이다. 간
척 사업에서 우선 대상지는 육지에 가깝게 발달된 염습지나 펄 갯벌이
기 때문이다. 따라서 간척을 하지 않았더라면 이곳은 하부 조간대에 해
당하는 갯벌이었을 것이다.

〈취화선〉에서 장승업이 젊은 시절 찾았던 염습지가 육지와 가장 가까운 최상부에 발달한 갯벌이라면, 나중에 유랑길에서 만난 갯벌은 염습지보다 바다 쪽에 위치하는 상부 조간대에 해당한다. 퇴적상으로 보아 〈시월애〉와 〈해안선〉에 등장하는 갯벌은 〈취화선〉의 갯벌보다는 하부에 발달한 것이다.

'우리가 고통스러운 건 사랑이 끝나서가 아니라 사랑이 계속되기 때문' 인 것 같다는 〈시월애〉의 대사를 이렇게 바꾼다면 어떨까. '갯벌이 아름다운 건 바닷물이 빠져나가서가 아니라 바닷물이 다시 들어올 것이기 때문이다.'

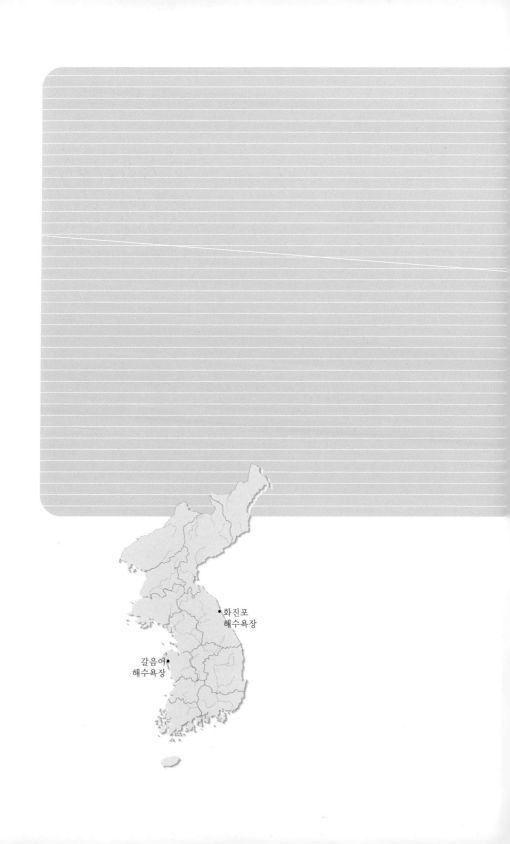

화진포
해수욕장

갈음어
해수욕장

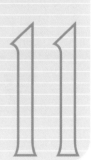

세월의 풍화를 견뎌낸
추억의 퇴적물

〈태양은 없다〉와 〈번지 점프를 하다〉

해 안가 모래의 기원

해가 뜬다. 바다에 드리운 어둠을 걷어 내는 바다의 장엄한 변화. 도철과 홍기가 바다를 향해 있다. "멋있다. 나 처음 봐. 동해 바다 일출." "역시 넌 촌놈이야. 도시에는 저런 태양이 없어."

칠흑같이 어두운 밤, 별 하나 떠 있지 않은 모래사장에서 밤을 지새우며 일출을 기다리는 느낌은 희망적일까 절망적일까?

〈태양은 없다〉(1998)는 일확천금을 노리는 건달과 펀치 드렁크 증상으로 좌절하는 권투 선수인 두 젊은이를 주인공으로 청춘의 꿈과 좌절, 그리고 우정을 그린 작품이다. 밑바닥 인생을 살고 있는 도철(정우성)과 홍기(이정재)가 보석상을 털고 마지막으로 숨 쉴 곳을 찾아 떠난 곳은 강원도 고성군의 화진포 해수욕장이다.

화진포(花津浦)라는 말이 '바닷가 모래땅에 해당화가 만발한 호수'라는 뜻인 것처럼 원래 화진포는 호수다. 화진포는 거대한 석호(후빙기

〈태양은 없다〉에서 화진포의 일출을 바라보는 도철과 홍기.

모래로 이루어진 동해안의 드넓은 해수욕장.

의 해수면 상승으로 골짜기나 저지대가 만이 되고 그 만의 입구를 사주가 가로막아 생긴 호수)로 약 3km에 걸쳐 남쪽으로 뻗은 사주(바닷물의 흐름에 의해 모래가 바다 쪽으로 쌓여 생긴 퇴적 지형)에 의해 동해와 분리되어 있고, 북쪽에 있는 출구를 통해 바다와 연결되어 있다. 이 호수의 바다 쪽 모래사장이 화진포 해수욕장이다. 우리나라 공식 해수욕장으로는 동해안에서 가장 북쪽에 자리 잡은 해수욕장이다.

해수욕장은 해수욕을 할 수 있도록 환경과 시설이 되어 있는 곳이다. 동해안과 남해안, 황해안에 발달해 있는 크고 작은 해수욕장이 전국적으로 100여 개가 넘는다. 지역에 따라 해수욕장의 특징도 달라 황해안의 해수욕장은 모래가 적고 개펄이 많으며, 동해안에는 개펄이 거의 나타나지 않는 대신 빛깔이 좋은 모래 해수욕장이 많다. 남해안이나 제주

도 해안에는 조약돌이나 굵은 돌로 이루어진 해수욕장이 나타나기도
한다.

　이런 해수욕장의 물질들은 어디에서 공급된 것일까? 빗물이나 하천
에 의해 육지가 침식되며, 그 침식된 물질은 하천을 따라 상류에서 하
류로 운반된다. 운반되는 과정에서 돌이나 자갈, 모래 등은 서로 부딪
치거나 하천 바닥을 구르면서 마모되고 더욱 잘게 부서지면서 바다로
운반된다. 그렇게 운반된 물질은 파도 혹은 밀물과 썰물에 의해서 떠돌
다 어느 한 곳에 쌓인다. 이렇게 형성된 것이 바로 사빈(해안을 따라 길
게 펼쳐진 모래사장)이나 갯벌(밀물과 썰물에 의해 운반된 물질이 쌓여
형성되는 해안 퇴적 지형)이다. 그 중 해수욕장으로 사용되는 것은 고
운 모래로 이루어진 사빈이다.

　우리나라의 지형은 동쪽은 높은 산지가 많고 서쪽으로 갈수록 고도
가 점점 낮아진다. 그래서 우리나라의 큰 하천은 주로 서쪽으로 흐른
다. 동쪽은 작은 하천들이 대부분인데 동해안의 경사가 급해 하천 침식
이 활발히 일어난다. 따라서 자갈이나 모래 등이 충분히 잘게 쪼개지지
못한 채 하천을 따라 바다로 곧바로 흘러든다. 또한 동해안은 밀물과
썰물의 영향이 크지 않아 물질들이 먼 바다로 가지 못하고 해안 가까이
에 바로 쌓여 모래 해안이 발달한다. 방조제나 댐 건설로 모래 공급이
차단되면 그 주변 지역의 사빈은 성장하거나 유지되지 못하고 모래가
파도에 유실되어 점점 그 크기가 줄어들게 된다.

　반면 서쪽의 하천들은 바다까지 가려면 많은 시간이 걸린다. 침식된
물질은 오랜 거리를 이동해야 하므로 도중에 더욱 잘게 부서져 운반된
다. 특히 비가 많이 내리는 여름철에는 빗물에 의해 침식된 모래나 진
흙 등의 물질이 누런 흙탕물이 되어 하천을 통해 운반된다. 그러다 하
천 주변 곳곳에 쌓이거나 후에 바다로 흘러들고, 이것이 다시 밀물과

썰물에 의해 운반되거나 퇴적되어 갯벌이 형성된다.

황해안에도 모래 해안이 잘 발달된 곳이 있다. 태안반도에 있는 해수욕장들이다. 태안반도는 황해 쪽으로 불거져 나온 반도로 바다 멀리에서 큰 파랑이 밀려오기 때문에 사빈이 잘 발달한다. 이곳은 또한 겨울철에 강한 북서 계절풍의 영향을 받는 곳이다. 따라서 모래가 멀리 운반되지 못하고 해안가에 쌓여 황해안의 다른 지역에 비해 사빈과 모래 언덕이 잘 발달해 있다.

모래사장과 모래 언덕의 차이

〈번지 점프를 하다〉(2000)는 황해안의 모래사장과 모래 언덕을 잘 보여 주는 영화이다. 1983년의 인우(이병헌)와 태희(이은주), 2000년의 인우와 현빈(여현수)의 사랑을 그린 이 영화는 초반 남과 여의 사랑에서 후반 남과 남의 사랑으로 비쳐지는 혼돈으로 인해 '동성애 영화'라는 논란을 일으키기도 하였다.

갈음이 해수욕장은 충청남도 태안군에 있는 곳으로, 태안에서 안흥항으로 가는 길목에 있다. 영화에서 태희가 친구들과 함께 모래로 각종 조각 작품을 만들던 곳이자 인우와 추억을 나누던 장소이다. 이 해수욕장의 모래는 특히 곱고 희어서 모래성을 쌓거나 모래 조각 작품을 만들기가 좋다.

인우와 태희가 소나무 사이로 석양을 등지고 왈츠를 추던 곳은 해안 사구이다. 해안 사구는 사빈의 모래가 바람에 날려 쌓이면서 발달한 언덕으로 바다와 육지 생태계의 완충 역할을 한다. 이러한 사구는 어느

〈번지 점프를 하다〉에서 석양을 배경으로 왈츠를 추는 인우와 태희. 이들이 서 있는 곳은 해안 사구이다.

해수욕장에서나 흔히 볼 수 있는 지형인데, 대부분의 해안 사구에는 세찬 바닷바람을 막거나 모래가 바람에 날리는 것을 방지하기 위해 조성된 소나무 숲이 있다. 비교적 큰 규모의 사구는 겨울철에 바람이 강하게 부는 황해안의 태안반도에 많이 있다.

해안 사구는 모래의 창고이며 자연적인 방파제이다. 사구는 사빈으로부터 공급되는 모래를 저장하고 있다가 태풍, 해일 등 자연재해에 의해 사빈의 모래가 사라지면 저장하고 있던 모래를 다시 사빈으로 공급한다. 사구는 물의 정화 능력도 탁월하다. 이는 집에서 사용하는 정수기의 원리와 비슷하다. 정수기는 필터가 많이 들어 있어 물에 포함된 이물질을 걸러 주는 역할을 하는데 사구의 모래가 이러한 필터 역할을 한다.

또한 사구는 희귀 동식물의 서식지 역할을 한다. 사구의 서식 환경은 매우 열악하다. 강한 햇볕, 강한 바람, 염분, 물 부족 등등. 일반 육상 식물들은 감히 살아갈 수 없는 서식 환경이다. 그래서 갯잔디, 갯방풍,

갯메꽃 등과 같이 다른 곳에서는 볼 수 없는 희귀한 식물들이 많이 서식한다.

"이만한 바늘 하나를 딱 꽂고 저 하늘 꼭대기에서 밀씨를 딱 하나 떨어뜨리는 거야. 그 밀씨 하나가 나풀나풀 떨어져서 바로 이 바늘 위에 딱 꽂힐 확률! 바로 그 계산도 안 되는 기가 막힌 확률로 너희가 지금 이곳에 있는 거야."

영화 속 대사처럼 모래가 날려 언덕을 만들고 그 언덕 위에 특정한 희귀 식물이 꽃을 피우는 것도, 그것을 소중하게 볼 수 있는 마음을 갖고 있는 사람을 만나는 것도 다 인연이다.

사랑할 수밖에 없는 추억의 퇴적물

세월 앞에 모든 것이 변하듯이 해수욕장도 변화하고 있다. 최근 해를 거듭할수록 황해안과 남해안의 해수욕장은 제 모습을 잃어 가고 있다. 건축 자재나 공업 원료 등으로 사용하기 위해 수십 년째 무분별한 모래 채취가 계속되기 때문이다. 모래의 유실로 어류 산란 장소가 사라지는 등 환경 파괴도 심각하다. 모래가 유실되자 다른 곳에서 모래를 가져와 막은 해수욕장도 있고 더 이상의 모래 침식을 막아 보겠다고 콘크리트 방파제를 설치한 해수욕장도 있다.

바다는 자기 나름대로의 살아가는 방식이 있다. 스스로 흐름을 조절하여 바위를 깎거나 모래를 퇴적시키기도 한다. 바다의 삶의 방식을 고려하지 않은 인간의 무분별한 개발과 억지 방편은 오히려 바다를 더 해칠 뿐이다. 자연은 서두르는 이에게 혜택을 주지 않는다. 자연은 마음

제주도 우도 해안. ⓒ 양희경

대로 고치거나 가져갈 수 있는 누구의 소유물도 아니다.

　어느 해수욕장이든 바다가 있고, 백사장이 있고, 모래 언덕이 있다. 그러나 그 형태는 바람이 불어오는 방향과 세기, 바닷물의 흐름 등에 의해 끊임없이 변화한다. 그리고 그곳을 마주 대하는 사람에 따라, 세월에 따라 각자의 눈에 각인되는 풍경도 다 다르다. 공간은 그렇게 각자가 부여한 의미에 따라 서로 다른 존재로 다가온다. 백사장과 모래 언덕은 세월의 풍화 속에서 버텨 낸 누군가의 추억의 퇴적물이다. 우리가 무심코 오염시키거나 캐내 간 모래 한 움큼이 어떤 이의 소중한 추억을 앗아가는 일인지도 모른다.

　"우리가 누군가를 사랑한다면 얼마나 깊이 사랑할 수 있을까요. 우리가 누군가를 기다린다면 얼마나 오래 기다릴 수 있을까요. ……사랑하기 때문에 사랑하는 것이 아니라 사랑할 수밖에 없기 때문에 당신을 사랑합니다."

〈번지 점프를 하다〉의 마지막 대사처럼 우리가 바다와 아름답게 공존하기 위해서는 서로 사랑해야 한다. 바다를, 백사장을, 추억을 사랑할 수밖에 없기 때문에. 그리고 그 사랑도 때론 '멈춤'이 필요하다. '멈춤'이란 새로운 방식으로 삶과 그 삶의 책임 속으로 들어가는 일이다. 모든 것이 돈으로 계산되고 초스피드를 지향하는 시대이지만 이제는 멈춰 서서 뒤를 돌아보자. 더 이상 인간의 편의를 위해 각종 시설물을 짓고 모래를 빼앗아 가고 더러운 오염물을 던지지 말고, 바다가 원래의 상태를 회복할 수 있도록 시간을 주자.

사 하 라 사 막

12

_____건조 지형

사막의 모래알,
그 소유할 수 없는 무한

〈잉글리시 페이션트〉

사막에 그려진 국경선

〈잉글리시 페이션트〉(The English Patient, 1996)는 최우수작품상, 감독상, 여우조연상 등 9개의 아카데미 트로피가 말해 주듯 탄탄한 스토리와 장대한 스케일, 그리고 카리스마 넘치는 캐릭터들이 화면을 압도하면서 짧지 않은 상영 시간을 전혀 의식하지 못하게 하는 영화다.

시공간을 넘나들며 치밀하게 아귀가 맞아 들어가는 이 영화의 구성은 아마도 동명의 원작 소설에 빚진 바가 클 것이다. 스리랑카 출신이면서 영국을 거쳐 캐나다에서 활동하고 있는 원작자 마이클 온다체의 이력 때문인지 영화 속 등장인물들은 헝가리, 영국, 독일, 캐나다, 인도, 이집트 등 다양한 국적을 가지고 있다.

잉글리시 페이션트, 즉 '영국인 환자' 라는 영화 제목에는 영화의 주제 의식이 압축되어 있다. 주인공인 헝가리 귀족이자 영국 지리학회 회원인 알마시와 그의 영국인 동료 매독스, 그리고 알마시를 사랑에 빠뜨린 캐서린과 그녀의 남편이자 영국군 정보원인 제프리는 모두 국제사막클럽의 회원들로 사하라 사막을 탐험하며 사막 지도를 완성하고자 모인 사람들이다.

어느 날 사막의 모래 폭풍 속에 조난당한 알마시(랠프 파인즈)와 캐서린(크리스틴 스콧 토머스)은 모래 폭풍보다 더한 격정적인 사랑에 빠진다. 폭풍의 밤이 지나고 난 다음 날 아침, 간신히 차에서 빠져나온 그들이 목격한 사막은 그들의 관계만큼이나 변해 있다. 사막은 그렇게 인간들이 그어 놓은 선들이 순식간에 모래 바람 속으로 사라져 버릴 수 있는 곳이다.

알마시와 캐서린의 사랑이 위험해질수록 전쟁의 기운 또한 심각해져

모래 폭풍에 파묻힌 알마시의 자동차. 알마시는 함께 타고 있던 캐서린과 모래 폭풍보다 더한 격정적인 사랑에 빠진다.

제2차 세계 대전이 터지고 외국인들이 어이없이 스파이로 몰리는 위험한 정세가 조성된다. 동시에 국제사막클럽 회원들의 사막 지도는 전시가 되면서 엄청난 무기로 둔갑한다. 그 와중에 아내 캐서린의 불륜을 눈치 챈 제프리는 경비행기에 캐서린을 태우고 알마시를 향해 돌진했다가 죽고 캐서린은 중상을 입는다.

알마시가 사막 한가운데서 뼈가 부러져 움직일 수 없는 캐서린을 누인 곳은 언젠가 그가 발견한 적 있는 벽화가 있는 동굴이다. 알마시는 자신의 분신 같은 고대 그리스의 역사가 헤로도토스의 책을 그녀 곁에 둔 채, 약품과 차량을 구하러 떠난다. 그는 3일 동안을 꼬박 걸어 영국군 기지에 도착하지만, '알마시'라는 비영국식 이름 때문에 스파이로 몰려 체포된다. 간신히 탈출한 알마시는 매독스가 남기고 간 영국 국적의 경비행기를 찾아내, 품에 지니고 있던 사막 지도를 독일군에게 넘긴 대가로 얻은 독일제 기름을 넣어 캐서린이 있는 동굴로 돌아온다. 자신의 행동이 친구 매독스를 자살하게 만들고, 영국 측 정보원인 카라바지

독일군의 포격에 추락된 알마시를 구해 준 베두인 족. 사막의 유목민인 베두인 족은 비가 많은 계절에는 사막에, 건조기에는 물이 풍부한 지역으로 이동하며 산다.

오가 고문으로 손가락이 잘리는 엄청난 비극을 초래할 것임을 예측할 여유가 그에겐 없었다.

하지만 알마시가 동굴로 돌아왔을 때 캐서린은 싸늘한 시체가 되어 있었다. 알마시의 책에 '……우리는 권력자들이 지도 위에 멋대로 그린 경계선이 아닌 진정한 나라예요. 내가 바라는 전부는 당신과 함께 그곳을 걷는 것, 친구들과 함께 지도가 없는 땅을……' 이라는 글을 남긴 채. 알마시는 통곡하며 캐서린의 시체를 비행기에 싣고 사막을 난다. 하지만 얼마 지나지 않아 독일군의 포격을 받은 비행기는 추락하고 알마시는 심한 화상을 입는다.

다행히 사막의 유목민 베두인 족에게 구조된 후 이탈리아의 연합군 기지에 호송된다. 그곳에서 다시 국적을 취조당하는 알마시는 기억을 잃었다고 대답한다. 자기 이름 때문에 그녀가 죽었다고 믿는 알마시는 국적을 묻는 연합군에게 냉소하듯 말한다. "다 죽어 가는 마당에 국적이 뭐가 중요하오? 불에 바싹 구워진 몸인데." 결국 알마시는 타고 있던 영국 국적의 비행기 때문에 '영국인' 환자로 분류된 채 숨을 거둔다.

국적, 결혼, 전쟁, 지도와 같은 것들은 모두 인간 사회가 만들어 놓은 소유를 위한 금긋기이다. 알마시는 그 모두를 무화시켜 버리는 광대한 사막을 자유롭게 유영하고자 했다. 그는 과연 죽음과 함께 금긋기의 올가미에서 벗어날 수 있었을까?

사하라 사막 동굴 벽화의 비밀

영화에서는 제2차 세계 대전 전의 사하라 사막과 전쟁이 끝나 길 무렵의 이탈리아 북부 지역 장면이 여러 번 교차한다. 하지만 시종일관 영화를 압도하는 장면은 숲과 경작지가 펼쳐진 이탈리아의 아기자기한 농촌보다 착 가라앉은 황색 톤의 대사막이다. 의미심장하게도 알마시와 캐서린 사이를 이어 주는 중요한 모티브인 헤로도토스의 책도 북아

영화 속 또 다른 배경인 강과 나무가 우거진 이탈리아.

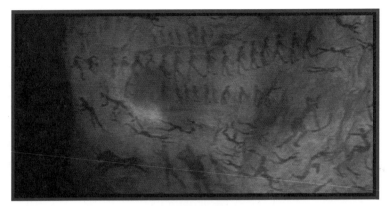
수영하고 있는 사람들이 그려진 사막의 동굴 벽화.

프리카의 대사막과 밀접한 관련이 있다. '이집트는 나일 강의 선물'이 란 유명한 말을 한 장본인이 바로 헤로도토스이기 때문이다.

영화는 누런 종이 위에 누군가의 손에 의해 완성되고 있는 그림으로 시작된다. 누가 무엇을 그리고 있는지는 영화의 중반부에야 나타난다. 그 그림은 알마시가 사막의 원주민들로부터 전해 듣고 발견한 동굴 속 벽화인데 놀랍게도 거기에 그려진 사람들은 수영을 하고 있다. 탐험 일 행이었던 캐서린은 작은 종이에 벽화를 모사하여 알마시에게 선물하 고, 알마시는 그 그림을 가지고 있던 책 『헤로도토스』 속에 꽂아 놓는 다. 나중에 다친 캐서린을 누인 곳이 바로 이 동굴이다. 알마시를 기다 리며 죽어 가던 캐서린은 손전등에 비춰진 동굴 벽화를 응시하며 무엇 을 떠올렸을까?

알마시와 캐서린의 비극적 사랑에 가슴 저려 오는 것과는 별개로, 사 막에서 발견한 동굴 벽화에 수영하는 사람들이 그려져 있다는 사실은 지리적 탐구심을 불러일으킨다. 지리학자였던 알마시 역시 처음 이 동 굴을 발견하고는 흥분을 감추지 못한다. 실제로 사하라 사막에서 발견

수영하고 있는 사람들이 그려진 벽화가 발견된 동굴 부근. 어떻게 그런 벽화가 그려졌을지 의심스러울 정도로 건조하고 척박한 사막이다.

된 몇몇 바위그림(암벽화)에는 흐르는 강과 푸른 초원, 야생 동물들이 그려져 있다고 한다. 또 농사를 짓고 짐승을 기르며 정착한 모습도 보인다고 한다. 건조하고 척박한 사막에서 어떻게 이런 벽화가 그려졌을까? 그 해답은 기후에 있다.

사하라 사막은 과거에 습윤기와 건조기가 교대로 나타났다고 한다. 신생대 제4기의 마지막 빙하기에는 지금보다 훨씬 습윤했고, 이 때문에 크고 작은 호수와 늪이 많았으며 그곳에 각종 동물이 살기도 했다. 이때에는 아열대 고기압대가 약간 적도 쪽으로 치우쳤었기 때문에 상대적으로 습윤한 기후가 나타났다.

그 후 건조한 시기를 거쳐 약 1만~4천5백 년 전인 신생대 4기 홀로세 초기 및 중기 때에 다시 습윤한 시기가 나타났다. 이는 서아프리카 여름 몬순이 현재보다 더 강했기 때문인 것으로 알려져 있다. 사하라 사막 중앙부의 타실리 암벽화뿐 아니라 내륙 분지에서 발견되는 큰 호수의 흔적들은 이 습윤기의 존재를 입증하는 증거다.

약 3천 년 전부터 사하라 사막은 다시 강수량이 줄어들기 시작하였다. 습윤기에 형성되었던 호수나 늪은 말라 버리고 일부 큰 호수나 늪은 그 크기가 줄어들어 소금 호수(염호)로 남게 되었다. 현재의 사하라 사막은 땅이 메마르고 식생이 결핍되어 있어 습윤 지역에 비해 바람에 의한 지형 형성 작용이 두드러지게 나타난다.

사막(沙漠)과 사막(砂漠), 그리고 바람

알마시가 죽은 캐서린을 태운 경비행기에서 내려다본 끝없는 모래 바다, 그것은 모래 언덕이라는 뜻의 사구(砂丘, sand dune)가 연속적으로 펼쳐진 지형이다. 이러한 모래사막을 사하라에서는 에르그(erg)라고 부른다. 보통 사막 하면 사방이 사구로 채워진 모래 바다, 즉 에르그를 연상한다. 하지만 실제로 에르그는 사하라 사막에서도 전체의 10%

에르그. 사구가 연속적으로 펼쳐진 모래사막을 이른다.

비교적 가벼운 점토와 실트,
모래는 바람에 날려 없어지고
자갈만 남는다.

바람에 의한 침식이 계속되면서
지표면이 점점 낮아진다.

지표면에 자갈만 남게 되면
바람에 의한 침식이 둔화되는
사막 포도가 형성된다.

사막 포도의 형성 과정.

에 불과하다.

　사막(沙漠)이란 '물(水)이 적거나(少), 물(水)이 없다(莫)'는 의미의 한자어이기 때문에, 모래나 자갈과는 직접적 관계가 없다. 그러나 모래 '사(砂)' 자를 쓰는 사막(砂漠)은 '모래로 이루어지면서 물이 없는 곳'이란 의미로 에르그와 같은 말이다. 자갈 '력(礫)' 자를 쓰는 역막(礫漠)은 '자갈로 이루어지면서 물이 없는 곳'으로, 자갈 사막이라는 의미의 몽골 어 '고비'와 같은 말이다. 사하라에서는 이렇게 자갈로 덮인 사막을 레그(reg)라고 부른다. 레그는 모래, 실트, 점토 같은 미립 물질이 바람에 날려 없어지고 무거운 자갈만 남아 형성된 지형으로, 마치 땅을 포장한 것 같은 모습을 띠기 때문에 사막 포도(沙漠鋪道, desert pavement)라고 한다.

다양한 사막 유형 중에서 모래사막이 가장 전형적인 사막 이미지로 자리 잡게 된 것은 그 독특한 경관 때문일 것이다. 모래 말고는 아무것도 존재하지 않는 땅이 보여 주는 단조로움의 미학, 그와 동시에 똑같은 모습이 끝없이 펼쳐진 모래사막은 위치를 가늠할 수 없다는 공포를 일으킨다. 바람은 거대한 모래 더미를 끊임없이 움직이며 다양한 기하학적 조형을 만들어 내고, 바람에 이리저리 모습을 바꾸는 모래는 더욱 그 위치를 가늠할 수 없게 한다.

그런데 어떻게 이렇게 비슷한 크기의 모래로만 구성된 사막이 형성될 수 있었을까? 여기서도 역시 바람이 중요한 역할을 한다. 건조한 지역에서는 땅 위의 퇴적물들이 쉽게 바람에 날려 침식·운반·퇴적된다. 그런데 바람은 중력의 작용을 받는 물체를 위로 띄우는 힘인 부력(浮力)이 작다. 상대적으로 부력이 큰 물은 점토나 실트, 모래, 자갈 등을 섞은 채로 침식·운반·퇴적시키기 때문에 입자를 크기별로 분류하는 기능이 약하다. 반면 부력이 작은 바람은 점토나 실트, 모래, 자갈 등을 침식·운반·퇴적시킬 때 크기별로 분류하는 기능이 탁월하다.

따라서 건조 지역에 바람이 불 때, 가장 가벼운 점토가 제일 먼저 날려 가고 그 다음 실트, 모래, 자갈 순으로 이동한다. 점토나 실트는 가벼워서 공기 중에 높이 떠서 이동하는데, 이처럼 바람과 함께 떠다니는 미립 물질을 먼지라고 부른다. 입자가 미세한 먼지는 수km 상공까지 분산되어 수천km씩 날려 간다. 중국 황토 고원에서 발원한 황사가 우리나라까지 이동하는 것도 이러한 원리라고 볼 수 있다.

반면 모래는 무거워서 지표면을 따라 구르거나 낮게 도약하면서 비교적 짧은 거리를 이동한다. 바람에 날려 올라간 모래알은 포물선을 그리면서 날려 가다가 자체의 무게로 떨어지며, 떨어졌다가 땅바닥에 부

더위를 피해 버섯바위 아래에서 잠든 알마시.

딪혀서 다시 떠오르는 도약 운동을 반복한다.

그런데 이때 모래알끼리 서로 부딪혀서 도약하는 높이는 수십cm밖에 되지 않지만, 모래알이 자갈로 덮인 지표면이나 맨땅에 부딪혀 도약할 경우에는 수m까지도 뛰어오를 수 있다. 게다가 풍속은 지표면에서 위로 올라갈수록 빨라지기 때문에 모래끼리 부딪혀 낮게 뛰어오른 모래알은 천천히 이동하고, 자갈에 부딪혀 높게 뛰어오른 모래알은 더 빨리 이동한다. 그래서 자갈로 이루어진 사막 포도와 같은 곳에서는 모래가 멀리 이동하기 때문에 그 부근에 모래 더미가 쌓일 수 없다. 반면에 하나의 모래 더미가 일단 어떤 곳에 형성되면, 그것은 계속 불려 오는 모래에 대하여 둑과 같은 역할을 하여 사구로 성장할 수 있게 한다. 그리고 이러한 사구들이 연속적으로 펼쳐지면서 모래사막이 된다.

건조 지역의 바람이 만들어 내는 지형 중에는 버섯바위 같은 재미난 것도 있다. 알마시가 캐서린을 구하기 위해 사흘 동안 사막을 횡단하는 장면에서 한낮의 더위를 피해 잠시 수면을 취하는 곳이 바로 버섯바위이다. 모양 때문에 붙여진 이름이어서 한자어로는 버섯 이(栮)를 쓴 이

남아메리카 아타카마 사막의 버섯바위. ⓒ 양희경

암(栮岩)이고, 영어로는 mushroom rock이다. 버섯바위는 바람에 운반되는 모래가 바위를 깎아 내면서 형성된다. 그런데 모래는 높이 뜨지 않기 때문에 바위의 아랫부분만을 집중적으로 깎아 내고 따라서 아랫부분만 홀쭉한 버섯 모양이 된다.

어쩌다 흐르는 물이 만든 사막 지형

하지만 사막의 지형이 바람에 의한 것만은 아니다. 실제로 바람보다

이집트 시나이 반도의 한 와디. 교통로로 사용되기 때문에 아스팔트가 깔려 있다.
© 김석용

뚜렷하게 지형을 변화시키는 것은 흐르는 물이다. 사막의 연평균 강수량은 250mm 이하인데 이것도 수년에 몇 번씩 있는 큰 소나기로 말미암은 것이다. 이 어쩌다 내리는 소나기로 인해 많은 지형 변화가 이루어진다. 식생이 없는 사막일수록 물의 힘이 막강하기 때문이다.

건조 지역에서 물에 의해 형성된 지형으로 대표적인 것이 와디와 선상지이다. 사하라 사막에서는 비가 내릴 때만 물이 흐르는 골짜기를 와디(wadi)라고 부르는데, 물이 마른 뒤에는 교통로로 이용되기도 한다. 영화에서도 사막 지도를 만들던 알마시와 매독스가 카이로와 직결되는 와디를 찾으려 한다. 사하라 사막에는 이자와크 와디, 타만라세트 와디

건조 지역에 발달한 선상지. 선상지가 연이어 있는 바하다를 이루고 있다.

같은 거대한 와디부터 조그마한 와디에 이르기까지 다양한 와디가 존재한다.

선상지(扇狀地, alluvial fan)도 물에 의해 형성되는 대표적인 건조 지형 중의 하나이다. 선상지란 부채꼴 모양의 충적 지형인데, 산지의 좁은 골짜기에서 평지로 흘러나오는 유수에 운반되어 오던 흙과 모래, 자갈 등이 경사가 급격히 완만해지는 골짜기 어귀에 쌓여서 형성된다. 우리나라에도 몇몇 군데에서 선상지가 발견되기는 하지만, 선상지가 가장 전형적으로 발달하는 곳은 건조 지역이다. 선상지가 발달하기에 이상적인 곳이 건조 지역의 단층애(단층 운동에 의해 형성된 절벽과 같은 급사면) 밑이기 때문이다.

사하라 사막에서는 단층 운동에 의해서 형성된 지구대를 찾아볼 수 있는데, 이 지구대의 단층애를 가로질러 일시적으로 흐르는 하천들은 많은 양의 흙과 모래와 자갈을 일시에 운반해서 단층애 밑에 부채꼴 모양의 퇴적 지형, 즉 선상지를 형성한다. 이렇게 되면 지구대의 양쪽 단층애 밑을 따라서 많은 선상지가 연속적으로 형성된다. 이를 바하다

(bajada)라고 부르는데, 그 모습이 영화 속 장면과 같이 장관이다.

이처럼 건조 지역에서도 물에 의한 지형이 나타난다. 하지만 그 지형 역시 물과 식생의 결핍이라는 건조 지역의 특성이 관여한다. 물과 식생의 결핍이 만들어 낸 거대한 사막 경관은 자연의 절대적인 위력 앞에 인간의 소유욕이 얼마나 무상한가를 보여 준다. 알마시가 사막을 열렬히 사랑한 것도 소유하고 소유당하는 것을 싫어했기 때문일 것이다. 하지만 불행히도 인간은 이미 이 절대 무한의 세계인 사막을 소유하고자 세계 대전을 치렀으며, 현재도 사막을 차지하려는 전쟁은 진행 중이다.

이란

아프가니스탄
● 칸다하르

파키스탄

네팔

인도

13

_____건조 지형

부르카, 전쟁 그리고 사막

〈칸다하르〉

사|막보다 더한 현실

　그녀의 이름은 나파스다. 그녀는 지금 사막에 서 있다. 치렁치렁한 부르카를 걸치고서. 그것도 그냥 사막이 아니다. 언제 어떻게 될지 모르는 전쟁터다. 그녀가 가고자 하는 곳은 칸다하르다. 칸다하르는 그녀의 고향인 아프가니스탄에 있는 도시이다. 조국을 떠나 캐나다로 이민 간 그녀는 왜 다시 고향으로 향하고 있을까? 고향을 방문한다는 게 다른 사람들에게는 별일이 아닐 수도 있지만 그녀에게는 대단한 용기가 필요한 일이다. 왜냐하면 그녀는 고향을 떠난 것이 아니라 탈출한 것이었기 때문이다.

　〈칸다하르〉(Kandahar, 2001)에 정작 칸다하르란 도시는 나오지 않는다. 나파스(닐로우다 파지라)는 개기 일식이 있는 날 자살하겠다는 여동생의 편지를 받았다. 여동생의 자살을 막기 위해 칸다하르로 가는 나파스의 여정을 여과 없이 보여 주는 것이 이 영화의 묘미이다. 영화는 주술적인 분위기의 노래와 함께 까만 어둠 사이로 태양 빛이 조금씩 새어 나오는 개기 일식으로 시작된다.

　나파스는 왜 조국을 탈출했을까? 여동생은 왜 자살을 하려는 것일까? 아프가니스탄의 현실이 그렇다. 아프가니스탄은 오랜 내전 중이다. 사회주의 세력과 이슬람 세력의 오랜 갈등은 대규모의 인명 살상과 난민을 발생시켰다. 그러는 와중에 정국을 장악한 이슬람 원리주의 세력인 탈레반은 세력 확장을 위해 곳곳에서 여전히 크고 작은 전쟁을 치르고 있다.

　아프가니스탄은 자연환경도 열악한 편이다. 북부 지역에 평원이 있

개기 일식. 〈칸다하르〉는 일식으로 시작하여 일식으로 끝난다. 절망과 희망을 동시에 말하고자 하는 이 영화의 시선이 느껴진다.

기는 하나 남서부 지역에는 리게스탄 사막을 비롯해 주로 사막과 초원이 넓게 분포한다. 이 두 지역 사이는 힌두쿠시 산맥을 포함해 히말라야 산맥의 연장 지대에 속하는 산악 지대이다. 그리고 아프가니스탄은 유라시아 판과 아라비아 판 그리고 인도 판이 충돌하는 지역에 속해 있어 지진의 피해가 매우 큰 편이다.

이런 현실이 나파스가 칸다하르로 돌아가는 길을 어렵게 만든다. 아무도 칸다하르로 가려고 하지 않는다. 게다가 아프가니스탄에서 여자는 낯선 남자와 말을 할 수 없다. 이곳 여자들은 사회의 절반을 차지하면서도 이름도 이미지도 없다. 부르카라고 하는 베일에 철저하게 가려져 있기 때문이다. 나파스는 이란에서 칸다하르로 돌아가는 가족의 네번째 부인으로 위장하고 사막을 넘으려 한다. 그러나 중간에 강도를 만나 차와 모든 재산을 빼앗긴 그 가족은 칸다하르로 가는 길을 포기한다. 그녀는 결국 혼자서 사막을 넘기로 한다.

중간에 우물물을 잘못 먹어 찾아간 임시 병원의 의사 이름은 사히브(하산 탄타이)다. 그는 거짓 의사이다. 간단한 의학 상식으로 환자들에

이란에서 칸다하르로 돌아가려는 가족과 함께 선 나파스. 남녀노소 할 것 없이 온몸을 치렁치렁하게 감싸는 옷차림이다.

게 처방을 한다. 너무 단순해서 황당하기까지 한 처방이지만 그들에게는 생명을 살리는 일이다. 사히브는 환자에게 약을 주는 것이 아니라 자신의 빵을 나누어 준다. 그러고는 약처럼 하루에 세 번씩 꼭 챙겨 먹으라고 한다. 사실 전쟁보다 더 큰 고통은 굶주림일 것이다.

죽거나 혹은 살아 있는 땅

나파스가 걸어가고 있는 아프가니스탄의 남서부에는 큰 나무들이 보이지 않는다. 사방을 둘러보아도 작은 풀뿐이고 온통 메마른 모래 언덕이다. 집도 흙벽돌로 지은 것이 대부분이다. 농경지도 없고 하천도 없다. 익어 버릴 만큼 뜨겁고 바싹바싹 속이 탈 만큼 건조하다. 사막이다.

아프가니스탄 남부의 사막을 지나 이란으로 돌아가는 가족.

이런 곳에서 어떻게 살까 하고 혀를 찰지도 모르지만 그곳에도 수십 수백만 명의 사람들이 산다.

사막이란 어떤 땅인가? 사막이란 말은 원래 황량하거나 버려진 장소를 뜻한다. 지구상에 사막은 아주 많다. 사막은 지구 표면의 1/3 이상을 차지하고 있으며 현재에도 계속 늘어나고 있다.

사막은 흔히 열대 사막과 온대 사막으로 나눈다. 열대 사막은 아열대 고압대에 위치해 있으며 아프가니스탄과 이란 남부에 발달한 사막을 비롯해 사하라 사막, 아라비아 반도의 룹앨할리 사막 등이 여기에 속한다. 온대 사막은 바다로부터 격리된 온대 지방의 대륙 내부에 발달한 사막으로 아시아의 고비 사막, 타클라마칸 사막이 여기에 속한다. 열대 사막은 겨울이 그리 춥지 않으나 온대 사막은 겨울이 매우 춥다.

사막은 기온의 일교차가 매우 큰 편이다. 낮의 사막은 지독히 더워서 50℃는 너끈히 넘긴다. 하지만 열기를 잡아 둘 만한 구름이 없기 때문에 밤이 되면 기온은 영하로 떨어진다. 겨울의 사막은 더욱 심해 기온이 영하로 수십 도씩 떨어지기도 한다. 영화를 보면 나파스는 물론이고 남자건 여자건 모두 온몸을 치렁치렁하게 감싸는 옷차림이다. 우리 상식으로는 뜨겁게 내리쬐는 태양 아래서는 짧은 옷이어야 한다는 생각이 먼저 든다. 하지만 그들의 긴 옷은 뜨거운 낮에는 햇빛을 가려 주고 통풍을 원활히 해 준다. 그리고 추운 밤에는 체온이 떨어지는 것을 막아 준다.

이곳 여성들이 쓰는 부르카도 이런 척박한 땅에서 살아가기 위한 지혜인지 모른다. 그것이 이슬람교를 통해 언제부터인가 여성을 속박하는 족쇄가 되고 말았다. 특히 탈레반 정부가 들어선 이후 여성에 대한 인권 탄압이 더욱 강화되어 부르카를 쓰지 않은 여성은 심한 처벌을 받게 되었다. 나파스의 말처럼 원래는 그 지역의 기후로부터 인간을 보호하기 위해 만들어졌을 옷차림이 여성을 속박하는 감옥이 되어 버린 것이다. 부르카에 의해 철저히 자신의 몸을 숨긴 그녀들이 몸치장에 열을 올리는 모습을 보면 참 모순적이라는 생각이 든다. 유일하게 겉으로 드러난 손톱에 정성스럽게 매니큐어를 바르는 모습이 어찌 보면 억압에 대한 저항 같다. 또 한편으로는 어쩔 수 없는 상황에서도 아름다움을 추구하는 여성의 본능인 것도 같다.

사막에는 왜 비구름이 생기지 않을까? 문제는 더워진 공기가 차가워질 틈이 없다는 것이다. 사막은 너무 더워서 공기를 다 말려 버리기 때문에 비가 될 물방울이 거의 생기지 않는다. 그렇다고 사막에 비가 전혀 오지 않는 건 아니다. 어쩌다 일시적으로 폭우가 쏟아지기도 한다. 이런 비야말로 사막의 단비이자 생명의 단비이다. 사막의 사람들은 본능적으로 모래 속 어디에 물이 있는지 안다. 사막 한가운데에 집들이 모여 있는 곳은 어김없이 물이 있는 곳이다. 오랜 사막에서의 생활이 그들의 감각을 초인적으로 키워 놓은 것인지도 모른다.

모여 있는 집들을 멀리서 보면 황량한 사막 경관에 묻혀 알아보기도

사막 한가운데 있는 우물가.

흙벽돌을 쌓아 집을 짓고 있는 사람들. 나무나 돌을 구하기 어려운 건조 지역에서
가장 쉽게 구할 수 있는 건축 재료는 흙이다.

힘들다. 집을 건축하는 재료는 그 지역의 기후를 반영한다. 이곳에서는 나무나 돌을 구하기가 어렵기 때문에 집들이 모두 흙집이다. 흙을 짓이겨 담을 쌓은 뒤 지붕을 씌운 흙담집, 흙을 메주처럼 다져서 차곡차곡 쌓아 올린 흙벽돌집, 우리의 초가집처럼 벽에 흙을 두텁게 바른 흙벽집 등이 보인다. 어쩔 수 없는 삶의 모습일지 몰라도 사막과 흙집과 그 속에 살고 있는 사람들의 모습이 어우러져 아름답게 보인다.

사막의 메마름은 독특한 자연 풍광을 만들어 내기도 한다. 움직이는 모래가 그것으로, 모래는 바람이 시키는 대로 움직인다. 나파스가 모래 언덕 위를 걸어갈 때마다 그녀의 절박한 심정을 아는 듯 모래가 끊임없이 흩날린다. 모래는 때론 바닥에 물결 자국을 만들면서 바람의 흔적을 남기기도 한다. 바람이 좀 더 강하게 지속적으로 불면 모래는 쌓여서 거대한 산처럼 언덕을 만든다. 이런 모래 언덕을 사구라고 한다. 사구는 공급되는 모래의 양과 바람의 방향에 따라 다양한 형태로 나타난다. 바람이 일정한 방향으로 불고 모래의 공급이 제한된 지역에서는 야트막한 초승달 모양의 사구가 발달한다. 반면에 바람이 여러 방향에서 불어오고 모래의 공급이 많은 곳에서는 위가 뾰족한 별 모양의 사구가 형성된다.

사막 속에 피는 희망

사막에서의 삶은 그 자체만으로도 안타까움이 느껴진다. 하물며 그곳에서 전쟁이라니, 생각하고 싶지도 않은 일이다. 구소련과 미국, 파키스탄 그리고 탈레반 정권은 무슨 권리로 이들의 삶터인 이곳을 이토

의족을 얻기 위해 목발을 짚고 사막을 달리는 사람들. 아프가니스탄의 비참한 현실을 보여 주는 동시에 적극적이고 씩씩한 그곳 사람들의 모습을 느끼게 한다.

록 황량하고 메마르게 만들었을까?

돌멩이와 자갈 더미, 그리고 휘날리는 모래 속을 세 발로 뛰어가는 사람들이 있다. 의족을 얻기 위해서 뛰는 사람들이다. 적십자의 구호품을 공수해 주는 비행기에서 쏟아져 내리는 것은 낙하산에 매달린 의족이다. 힘차게 달리는 목발 사이로 보이는 한쪽 다리가 너무도 당당하다. 아프가니스탄은 곳곳이 지뢰밭이자 전쟁터이다. 학교에서는 어린아이들에게 지뢰 피하는 법을 가르친다. 나파스에게 칸다하르까지 가는 길을 안내해 주는 칵이라는 소년은 코란 학교에서 이슬람 성전에 사용되는 무기의 의미를 외우지 못해 퇴학을 당했다. 아프가니스탄에서는 20년 전부터 5분에 1명씩 지뢰나 전투, 혹은 기아와 갈증으로 죽는다는 나파스의 대사가 처절하다. 이런 곳에서 의족을 얻기 위해 1년을 기다려야 하는 사람들에게 세 발로 달리는 창피함이나 아픔 같은 감정은 사치일지도 모른다.

사막이라고 해서 모두 어렵고 힘들지는 않다. 아프가니스탄에서 멀

사막을 수 놓은 형형색색의 부르카 행진.

지 않은 사우디아라비아와 아랍에미리트의 사막은 풍요롭다. 석유라는
20세기 최고의 자원은 사막의 경관을 엄청나게 바꾸어 놓았다. 아랍 최
대의 도시 중 하나인 두바이는 사막이라고는 믿어지지 않을 정도이다.
해수를 담수로 바꾸어 사막인데도 물이 풍부하고 메마른 흙집 대신 고
층 건물이 즐비하다. 유목을 통해 근근이 살아가는 아프가니스탄의 모
습과는 너무도 다르다. 자본의 힘은 사막이라는 거친 환경도 나무가 자
라고 샘이 솟는 도시로 바꾸어 놓을 만큼 강력한가 보다.

뜨겁게 내리쬐는 사막의 햇볕도 캘리포니아의 모하비 사막으로 가면
태양열 발전소로 탈바꿈한다. 리비아의 사하라 사막에 사는 농부들은
거대한 회전 스프링클러로 밭에 물을 준다. 이런 모습을 보면 아프가니
스탄에 사는 사람들은 왜 그렇게 살까 하고 반문하게 된다. 이웃들의
삶을 본받으라고 한심하게 쳐다볼지도 모른다.

미소 냉전의 희생자로 1980년대를 보낸 후, 탈레반 정권의 폭압과 내
전, 그리고 이어진 미국의 침공에 의해 삶이란 것의 부질없음을 온몸으
로 체험해 내고 있는 사막의 땅, 아프가니스탄 남부. 영화는 이 황량하
고 척박하고 모래 날리는 땅에도 사람이 살고 있다고 2시간 내내 외친

다. 이 땅에도 희망이 있는가?

나파스는 자살을 결심한 여동생에게 해 줄 삶이나 희망에 대한 이야기를 들려 달라고 한다. 가짜 의사 사히브는 말한다. "우린 모두 살아갈 이유가 필요합니다. 힘든 순간마다 희망은 그 이유가 됩니다. 물론 그건 아주 추상적이죠. 그러나 목마른 자들에게 그건 물이고, 배고픈 자들에게 그건 빵이며, 외로운 자들에게 그건 사랑이고, 철저히 가려진 여자들에게 희망은 언젠간 자신의 존재를 보여 주는 것입니다."

애버딘(밸모럴 성)

스코틀랜드

하일랜드

북아일랜드

롤랜드

레이크디스트릭트
국립공원

아일랜드

잉글랜드

웨일스

영국

14

_____빙하 지형

빅토리아 여왕이 사랑한
빙하의 땅, 하일랜드

〈미세스 브라운〉

'미세스 브라운'이라 불린 여왕

빅토리아 여왕이 누구인가? '해가 지지 않는 제국', '팍스 브리태니카'라 불린 영국 최대의 번영기는 영국 최장수 군주 빅토리아 여왕의 재위 64년 동안(1837~1901)과 일치한다. 이른바 '빅토리아 시대'는 영국의 영광을 상징한다. 빅토리아 호, 빅토리아 강, 빅토리아 폭포, 빅토리아 산, 빅토리아 섬, 빅토리아 시 등 세계 곳곳에 퍼져 있는 빅토리아라는 이름은 그 시대가 남긴 유산이다.

하지만 이 영광의 상징인 빅토리아 여왕도 한때 왕실 시종 존 브라운과의 특별한 관계로 '미세스 브라운'이라 불리는 추문에 휩싸인 적이

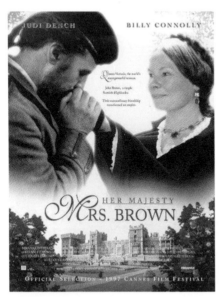

〈미세스 브라운〉 포스터.

있다. 〈미세스 브라운〉(Mrs. Brown, 1997)은 이 흥미로운 역사적 사건을 소재로 한 영화다.

18세에 왕위에 오른 빅토리아 여왕(주디 덴치)은 사촌 앨버트 공과 결혼하여 9명의 자녀를 둘 정도로 화목한 왕실 가족을 일구었다. 그러나 1861년 앨버트 공이 42세의 나이에 장티프스로 사망하자, 여왕은 비탄에 잠기어 국무에서 일체 손을 떼고 스코틀랜드의 별궁에 칩거한다. 여왕의 슬픔이 너무 컸기에 황태자 부부를 비롯한 왕실 가족과 시종들 모두 애도의 분위기 속에서 숨죽이며 지내야 했다. 그때 앨버트 공 생전에 총애를 받던 승마 담당 시종 존 브라운(빌리 코널리)은 승마를 매개로 여왕이 깊은 슬픔에서 빠져나올 수 있도록 극진히 돕는다. 브라운에 대한 여왕의 신뢰와 믿음이 깊어지면서 그는 여왕의 일거수일투족을 보좌하는 최측근이 된다.

하지만 국왕의 은둔 생활이 길어지자 보수당의 디즈레일리와 자유당의 글래드스턴을 양두마차로 한 내각에서는 군주제 자체에 대한 논란이 정계의 쟁점으로 떠오른다. 이 와중에 여왕과 시종의 특별한 관계는 급기야 '미세스 브라운' 스캔들로 변질되어 언론의 뜨거운 표적이 된다. 결국 디즈레일리 수상이 여왕이 머물고 있는 스코틀랜드의 밸모럴 성을 찾아와 여왕의 환궁과 국정 복귀를 간청한다. 또 따로 브라운을 만나 여왕을 위해 환궁을 설득하도록 유도한다. 브라운마저 국정 복귀를 진언하자 여왕은 자신의 슬픔을 유일하게 이해해 주던 그에게 배신감을 느끼며 환궁한다. 런던의 버킹엄 궁으로 돌아온 후 브라운은 더 이상 여왕을 가까이에서 모실 수 없게 되지만, 여왕에 대한 충정을 외롭게 지켜 간다.

영화는 영국의 영광 그 자체이던 빅토리아 여왕의 이면에 한없이 외롭고 슬픈 한 여인이 있었으며, 그 슬픔을 달래 준 한 남자가 있었음을 보여 준다. 이 둘의 특별한 우정과 애정을 키워 준 공간은 존 브라운의 고향이자 여왕이 자신의 슬픔을 달래기 위해 은둔지로 선택한 스코틀랜드의 하일랜드였다.

고 지대의 땅 하일랜드

영국의 정식 명칭은 그레이트브리튼 북아일랜드 연합 왕국(United Kingdom of Great Britain and Northern Ireland)이다. 북아일랜드를 제외한 브리튼 섬 내에서도 스코틀랜드와 웨일스는 잉글랜드와는 다른 독자적인 법제도를 가지고 있다. 따라서 다른 관습, 다른 전통은 물론이고 오랜 민족어인 게일 어를 지금도 사용한다.

브리튼 섬이 이렇게 3개의 국가로 나뉘게 된 데에는 지형적 원인이 크게 작용했다. 스코틀랜드와 웨일스가 포함된 북서부 지역은 바위투성이 산악 지대가 많은 데 비해, 남동부는 너른 평원과 완만한 구릉 지대를 이루고 있어 일찍부터 인구는 살기 좋은 남동부에 밀집했다. 특히 기원전 55년 시저가 이끄는 로마군이 브리튼 섬을 정복하면서 끝까지 저항했던 일부 켈트 족은 로마군에 쫓겨 험한 북쪽 지역에 숨어 살면서 씨족 사회에 뿌리를 둔 문화를 발전시켰다. 반면 남동부의 평야 지역은 로마 문명을 적극적으로 받아들였다. 이러한 문화적 차이는 이후 앵글로색슨 족의 침입으로 더욱 확고해졌다. 로마군에 이어 대륙에서 들어온 앵글로색슨 족 역시 켈트 족을 스코틀랜드, 웨일스, 아일랜드 등 북서부 산악 지방으로 내몰고 자신들은 남동부의 평야 지대에서 '앵글로 족이 사는 나라', 즉 잉글랜드 문화를 이루었다.

하일랜드. 험한 고지대의 땅이다.

　이처럼 스코틀랜드는 지리적으로도 정치적으로도 변방에 속한 지역
이었다. 스코틀랜드 내에서도 잉글랜드와의 경계 지역에 위치하여 비
교적 낮은 땅이었던 롤랜드(Lowlands)와는 달리 말 그대로 험한 고지
대의 땅이었던 하일랜드(Highlands)는 오랜 동안 '야만과 불모의 땅' 일
수밖에 없었다. 하지만 씨족 제도, 타탄(tartan)이라 불리는 체크무늬 직
물, 위스키, 백파이프 같이 스코틀랜드를 상징하는 대부분의 이미지들
은 하일랜드에서 유래한 것이다.

　19세기에 이르러 야만과 불모의 땅 하일랜드가 '낭만과 풍요의 땅' 으
로 이미지 변신을 하게 된 데에는 미세스 브라운, 즉 빅토리아 여왕의
공이 컸다. 여왕은 남편인 앨버트 공이 죽자 하일랜드의 애버딘에 있는
밸모럴 성에 은거한다. 그곳은 남편이 죽기 전 단란했던 왕실 가족이 휴
가를 보내던 곳이다. 〈미세스 브라운〉에서는 여왕보다 존 브라운에 의
해 하일랜드의 지역성이 강하게 드러난다. 그는 은둔해 있는 여왕을 밖
으로 끌어내기 위해 궁정 한가운데서 말고삐를 쥔 채 하루 종일 대기하
기도 한다. 그때 그가 입고 있는 의상은 스코틀랜드 고유 의상인 타탄

무늬의 남성용 치마 킬트다. 언제나 장식 없는 무채색의 드레스를 입고 있는 여왕 때문인지, 브라운의 화려한 하일랜드식 의상이 유난히 두드러진다. 의상으로서뿐만 아니라 '내 마음은 하일랜드에 있어. 난 폐하의 하일랜드 시종이다' 라는 말로 자신이 뼛속 깊이 하일랜드 인임을 드러낸다.

브라운의 거침없는 열정과 그에 비례한 충성심, 그리고 브라운에게 점점 깊이 빠져드는 빅토리아 여왕의 감정은 하일랜드의 거칠고 순수한 낭만에 매료되기 시작한 잉글랜드 인의 욕망으로 대치될 수 있다. '야만과 불모의 땅' 이 19세기에 들어와 새삼스럽게 '낭만과 풍요의 땅' 으로 변신한 것은, 산업 혁명으로 엄청난 경제적 부를 성취했으나 피로해진 잉글랜드의 문명인들이 (영화 속 대사처럼) '문명과 500마일이나 떨어진' 훼손되지 않은 야생의 자연, 하일랜드에서 원기를 회복하려는 욕망 때문이었다.

결과적으로 빅토리아 여왕은 하일랜드가 잉글랜드 인의 대중 관광지로 소비될 수 있도록 가이드 역할을 했다. 실제로 여왕이 직접 쓴 『하일랜드 여행기』는 당시 찰스 디킨스의 책보다 더 많이 팔렸을 정도로 널리 읽혔다. 그뿐 아니라 궁정 화가 에드윈 랜드시어(Edwin Landseer)의 그림은 빅토리아 여왕과 왕실 가족을 하일랜드와 연결시키는 대중적인 이미지를 창조하기도 했다. 여행기와 그림 등을 통해 왕실 가족이 즐기던 사슴 사냥, 연어 낚시, 타탄 숄 등이 크게 유행하면서 하일랜드 관광과 투기 붐이 일기도 했다.

〈미세스 브라운〉에서도 왕실 가족이 소풍이나 사냥을 가는 장면, 디즈레일리와 브라운이 등산하는 장면, 마지막으로 빅토리아 여왕과 브라운이 호수에서 배를 타며 이별을 고하는 장면 등에서 하일랜드 자연의 장관이 그 모습을 드러내고 있다. 나무는 거의 없고 모가 난 회색빛

하일랜드의 애버딘에 위치한 밸모럴 성(위). 하일랜드의 고유 의상 킬트를 입고 여왕을 기다리고 있는 브라운(가운데). 왕실 가족과 소풍을 가는 여왕과 스코틀랜드 백파이프를 불고 있는 시종들(아래).

궁정 화가 랜드시어가 그린 '언덕과 호수에서 벌어지는 왕실 가족의 스포츠'. 타탄 킬트를 입고 사냥하는 왕실 가족들을 볼 수 있다.

출처 : *Cosgrove, D. & Daniels, S.(eds.), 1988, The Iconography of Landscape*

돌이 드문드문 박힌 계곡과 그 사이로 흐르는 맑고 차가워 보이는 시냇물, 험준한 산으로 둘러싸인 잔잔한 호수…….

이 전형적인 하일랜드의 자연경관이 그 틀을 갖추게 된 중요한 요인 중 하나는 다름 아닌 빙하다.

빙하가 남긴 환상적인 호수

2003년 7월 7일 영국의 BBC는 오랫동안 논란이 되어 온 네스 호 괴물의 미스터리에 종지부를 찍었다. 최첨단 장비를 이용한 600차례의 탐사 결과는 '네스 호에 괴물은 없다'라는 것이었다. 그동안 다양한 목격담을 통해 네스 호에 살고 있는 괴물 네시는 공룡과 함께 멸종한 해

빙하호. 하일랜드의 자연경관을 상징한다.

빙하호에서 이별을 고하는 여왕과 브라운.

양 파충류의 일종일 거라는 추측이 공상으로 판명되었다.

하지만 해양 공룡을 품고 있는 으스스한 호수로 알려진 스코틀랜드의 네스 호가 공룡과 인연이 아주 없지는 않다. 왜냐하면 네스 호는 공룡 멸종의 한 원인으로 추정되는 빙하에 의해 만들어진 호수, 즉 빙하호이기 때문이다.

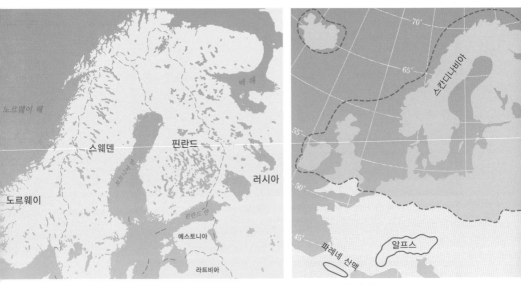

유럽의 빙하호(왼쪽). 유럽에서 빙하가 최대로 확장된 추정 범위(오른쪽).
출처 : 권혁재, 2002, 『지형학』

　유럽과 북미 지역, 그중에서도 북부 지역에는 유난히 호수가 많은데,
이는 빙하의 활동과 밀접한 관련이 있다. 후빙기인 현재는 빙하가 남극
대륙과 그린란드 같이 육지의 약 10%에 해당하는 고위도 지역에 한정
되어 있다. 하지만 빙하기가 절정이었을 때는 육지의 약 30%가 빙하로
덮였었기 때문에 빙하의 최전선이 영국, 네덜란드, 독일 중부까지 내려
오기도 했다. 영국의 경우도 남부 잉글랜드 지역을 제외하면 거의 모든
지역이 빙하로 덮여 있었다.

　빙하는 기후 변화에 따라 전진과 후퇴를 거듭했는데, 유럽 대륙에서
최후 빙기의 빙하가 사라진 것은 불과 1만 년 전의 일이다. 하지만 사라
진 빙하는 머물렀던 땅에 자신의 생생한 흔적을 남김으로써 빙하 지형
을 만들었다. 과거에 빙하가 존재했다는 사실도 이 빙하 지형을 통해

추론한 것이다.

빙하 지형을 이해하기 위해서 가장 중요한 것은 빙하(氷河, glacier)의 성질에 주목하는 것이다. 빙하는 움직이는 빙체로서, 고체 상태의 얼음이긴 하지만 가소성(可塑性)을 가진 상태로 유동한다. 여기서 가소성이란 고체에 힘을 가했을 때 부서지지 않고 모양이 변형되어 그 힘이 없어져도 달라진 모양 그대로 있는 성질을 말한다. 따라서 유동성을 가진 빙하는 유수(流水)처럼 침식 및 퇴적 작용을 일으켜 빙하에 의한 각종 침식 지형과 퇴적 지형을 형성한다. 그중 물과 관련된 빙하 지형에 권곡호, 빙식곡, 피오르(협만), 빙하호가 있다.

웨일스의 권곡호. 출처 : *Waugh, D., 1995, Geography*

초기 단계

권곡은 산 정상부 중에서도 일사량이 적은 북사면에 잘 발달한다. 약간 우묵한 땅에 쌓이기 시작한 눈 더미가 계속 커지면서 설식이 활발해진다. 이 때문에 우묵한 와지가 점점 커진다.

발전 단계

빙기가 심화되면서 대량 공급된 눈과 얼음의 설식 작용이 활발해져 와지가 더욱 커진다. 그러나 빙하가 더 이상 이 와지에 머무를 수 없을 정도로 규모가 커지면 골짜기를 따라 아래로 이동하면서 곡빙하를 형성한다. 빙기가 끝나고 이 와지에 있던 빙하가 녹으면 산 정상부에 자리한 반원형 극장 모양의 권곡 지형이 확연히 드러난다.

권곡의 형성 과정.

　　권곡호(cirque lake)란 권곡에 물이 채워져 생긴 호수로서 대부분 물이 맑고 경치가 아름답기로 유명하다. 권곡은 설선(snow line: 만년설의 하한 고도) 바로 위의 산 정상부에서 빙하가 성장하면서 움푹하게 깎아 놓은 침식 지형이다. 빙하가 녹고 난 뒤 생겨난 산 정상부의 이 반원형 극장 모양의 와지에 고인 물은 최상류의 맑은 물이다.

　　권곡에 자리 잡은 빙하가 더욱 성장하면 부피와 무게에 못 이겨 골짜기를 따라 아래로 유동하기 시작한다. 이때의 빙하를 계곡을 따라 이동

노르웨이의 게이랑에르 피오르. ⓒ 권동희

하는 빙하, 즉 곡빙하(谷氷河, valley glacier)라 한다. 곡빙하는 하천이
만들어 놓은 골짜기를 따라 유동하면서 골짜기 양쪽 모난 부분을 깎아
내기 때문에 U자형으로 시원하게 확 트인 빙식곡, 즉 빙하가 깎은 계곡
을 만든다. 피오르는 바로 바다로 연결된 빙식곡에 바닷물이 들어온 지
형을 가리킨다. 피오르가 발달한 곳은 바닷물의 유입으로 해안선의 굴
곡이 복잡해서 아름다운 경치를 만든다. 피오르로 유명한 곳은 스칸디
나비아 반도의 해안 지역이지만 하일랜드의 서부 해안에도 피오르가
발달해 있다.

그러나 뭐니 뭐니 해도 빙하가 만들어 낸 지형 중 가장 아름다운 풍
경은 빙하호다. 하일랜드의 빙하호도 장관이지만 아예 지명 자체가 레

레이크디스트릭트. 출처 : *Waugh, D., 1995, Geography*

이크디스트릭트(Lake Districts)인 곳이 있다. 잉글랜드 북서부에 위치하는 이곳은 영국 최초의 국립공원으로 지정된 곳이기도 하다. 영국의 시인 워즈워스, 콜리지 등 낭만파 시인들은 이 레이크디스트릭트에서 산봉우리의 험한 바위와 안개에 쌓인 호수, 그리고 전원의 오두막을 소재로 감수성 짙은 서정시를 발표해 '호반 시인' 으로 불리기도 했다.

빙하호는 다양한 메커니즘을 통해 형성되는데 가장 일반적인 유형은 빙하가 이동하면서 빙하 아래의 기반암을 깎아 깊게 파인 와지에 물이 괴면서 호수가 생기는 유형이다. 또 다른 유형은 빙하에 의해 유로가 막히면서 생기는 빙하호이다. 빙하는 빙하 표면의 경사 방향을 따라 이동하기 때문에, 빙하의 바닥 부분은 낮은 곳에서 높은 곳으로 이동하는 경우도 생긴다. 이런 경우 빙하 아래로 흐르던 유수는 더 이상 전진하지 못하고 그 자리에 고여 호수가 된다. 이 호수에 계속 빙하 퇴적물이 쌓이고 빙하가 후퇴한 뒤 호수의 물이 완전히 증발하면 빙하가 만든 퇴적 평야가 되기도 한다. 또 기존 강의 유로를 빙하가 댐처럼 막아 호수가 생겨나기도 한다. 이 때문에 기존의 유로 방향이 바뀌게 된 하천을 지금도 영국 여기저기서 찾아볼 수 있다.

이처럼 빅토리아 여왕이 사랑한 땅 하일랜드는 수만 년 전 빙하가 만들어 놓은 위대한 예술 작품이다. 빙하가 만들어 놓은 낭만의 공간, 빙하호에는 오늘도 사랑을 속삭이는 연인들이 고요히 제 그림자를 비춰보고 있을 터이다.

15

빙하가 녹은 내일, 그리고 디아스포라

〈투모로우〉

기후 변화가 재난 영화의 소재가 될 수 있는 이유

〈투모로우〉(The Day After Tomorrow, 2004)는 미국식 재난 영화의 전형을 그대로 따른다. 평화스러운 일상과 그 일상 속에 내재한 가족이나 공동체의 갈등, 갑작스러운 재난의 발생, 위기 상황 속에서 가족과 공공의 안녕을 위해 초인적 능력을 발휘하는 영웅, 이어지는 재난의 극복, 가족의 사랑과 공동체의 통합을 확인하는 순으로 짜여진 미국식 재난 영화의 전개 방식에서 한 치도 벗어나지 않는다.

여기서 주목할 점이 하나 있다. 재난 영화의 핵심은 재난이 아주 극적으로 갑작스럽게 발생한다는 것이다. 〈트위스터〉(Twister, 1996)에서의 토네이도, 〈볼케이노〉(Volcano, 1997)에서의 화산 폭발, 〈퍼펙트 스톰〉(The Perfect Storm, 2000)에서의 폭풍우 등은 모두 갑작스럽게 발생하는 자연 재난이다. 그런데 〈투모로우〉가 소재로 삼고 있는 재난은 기후 변화이다. 기후(climate)는 토네이도나 폭풍우 같은 기상 현상(weather)과는 다르다. 기상 상태는 수 초, 수 분, 수 시간 단위로 급변할 수 있지만, 기후 변화는 보통 수십 년에서 수천, 수만 년 단위로 그 변화를 측정할 만큼 느리다고 알려져 왔다. 따라서 이제까지 알려진 기후 변화의 특성상 그것은 재난 영화의 소재가 될 수 없다.

그렇다면 어떻게 〈투모로우〉는 기후 변화를 재난 영화의 소재로 삼을 수 있었을까? 그것은 기후 변화에 영향을 미치는 요인들에 대한 과학적 연구 성과들이 새롭게 축적되면서 가능해졌다. 특히 이산화탄소의 증가로 인한 기후 온난화와 심해 해류의 존재가 밝혀지고, 기후 변화가 지진이나 화산 폭발처럼 갑작스럽게 발생할 수 있다는 가능성이 인정되면서 〈투모로우〉라는 새로운 재난 영화가 탄생할 수 있었다.

뉴욕 자연사 박물관의 매머드. 머지않아 뉴욕 시민들도 매머드와 같은 상황에 처할 것을 암시하는 장면이다.

영화 초반에 갑작스럽게 닥칠 기후 변화를 상징하는 복선은 주인공 잭(데니스 퀘이드)의 아들 샘(제이크 질렌할)이 친구들과 함께 뉴욕의 자연사 박물관을 방문하는 장면이다. 거기서 그들은 시베리아에서 발견된 매머드 사진을 본다. 거기에는 매머드의 입과 위에 풀이 그대로 남아 있는 것으로 보아 풀을 뜯다 순식간에 얼어 죽은 것으로 추정된다고 써 있다. 곧이어 샘과 그의 친구들을 포함한 뉴욕 시민들은 박물관의 매머드와 같은 상황에 처하고, 잭은 아들을 살리기 위해 얼어붙은 뉴욕을 향해 모험을 감행한다.

〈혹성 탈출〉(Planet of the Apes, 1968)에서 핵폭발로 부서져 나뒹구는 뉴욕 자유의 여신상이 지구 파괴와 인류 멸종을 상징했듯이, 2004년의 〈투모로우〉에서도 매머드처럼 얼어붙어 버

〈혹성 탈출〉 포스터.

꽁꽁 얼어 붙은 뉴욕 시가지와 자유의 여신상.

린 자유의 여신상은 인류 멸종의 공포감을 상징한다. 도대체 기후 변화, 더 구체적으로 말해서 기온 급강하가 어떻게 그렇게 핵폭발과 같이 갑작스럽게 발생할 수 있을까?

〈투모로우〉는 거대한 빙하에서 떨어져 나간 빙하 조각들이 차가운 남극해를 어지럽게 떠다니고 있는 장면으로 시작된다. 이어 라센B 빙붕(남극 대륙과 이어져 바다에 떠 있는 거대한 얼음 덩어리) 위에 꽂아 놓은 미국 국기 아래에서 잭과 그의 동료들이 얼음 샘플 시추 작업을 하고 있는 모습이 비친다. 잭은 고기후학자로 남극이나 그린란드 빙하층에 수천m까지 파이프를 박아 얼음 샘플을 채취하고 있다.

잭이 채취한 얼음 샘플은 마치 화석층처럼 수십만 년 전부터 누적되어 온 얼음층을 그대로 간직하고 있다. 실제로 1998년에 채취된 3,623m 길이의 얼음 샘플은 약 42만 년의 기후 역사를 담고 있다고 한다. 이 얼음층의 성분 분석을 통해 각 층이 형성된 시기의 지구 대기 성분을 파악할 수 있고, 이것으로 지구 기후의 역사를 추정할 수 있다. 잭은 이 데이터를 가지고 기후 변화 모델을 만드는 연구를 수행 중이며, 이렇게 만든 기후 변화 모델은 지구 기후가 어떻게 변화할지 예측하는 데 쓰이게 된다.

그런데 갑작스럽게 시추기를 꽂았던 빙하가 쪼개지면서 연구원들이 빙하 틈새에 빠져 죽을 뻔한 사고를 겪는다. 시추기 때문에 빙하가 쪼개졌다고 보기에는 빙하 전체에 발생한 균열이 너무 거대하다. 균열이 생긴 이 빙하들은 조만간 첫 장면의 빙하 조각들처럼 서서히 녹아 남극의 바다를 떠다니게 될 것이다. 이는 빙하의 축소나 후퇴를 알리는 불길한 징조다.

이후 잭은 인도 뉴델리에서 열린 '지구 온난화 UN 대책 회의'에 참석해 과거에 발생했던 갑작스러운 빙하기의 증거로 그 시기 빙하층에

빙하 전체에 생긴 거대한 균열. 빙하의 축소나 후퇴를 알리는 불길한 징조다.

축적된 온실 가스량의 증가에 대해 발표한다. 그러자 한 학자가 '오늘의 주제는 빙하기가 아닌 지구 온난화'라고 제동을 건다. 하지만 잭은 온난화는 기후 냉각을 불러온다고 단호하게 반박한다.

온난화와 기후 냉각이라는 상반되는 현상이 어떻게 연결될 수 있을까? 이 연결 고리를 인식하게 된 것은 제2차 세계 대전 이후 핵폭발로 발생한 방사성 낙진의 추적 과정에서 심해 해류를 발견하면서부터이다.

지구는 최근 만 년 동안 평균 기온 15℃를 유지하는 안정된 기후를 보여 왔으며, 인류 문명의 급속한 발달도 바로 이 안정된 기후 하에서 이루어졌다. 안정된 기후가 가능했던 데는 대양 대순환 해류의 역할이 컸다. 대양 대순환이란 저위도의 따뜻한 바닷물이 고위도로 이동해 바다와 대기를 데워 주고, 고위도의 차가운 바닷물이 저위도로 이동해 바다와 대기를 식혀 주면서 지구 기후를 조절하는 해류의 규칙적인 순환이다. 그런데 이 거대한 바닷물의 순환은 심해 해류의 이동에 의한 것이다.

보통 해류는 바람에 의해 형성되는데, 멕시코 만류는 바람의 방향과 상관없이 대서양을 따라 북쪽 노르웨이와 그린란드 근해까지 먼 거리를 이동한다. 이는 이 부근에서 발생하는 바닷물의 국지적인 침강(밀도가 높은 표면의 물이 아래쪽으로 이동하는 것)으로 빈 공간을 채우기 위해 따뜻한 남쪽 바닷물이 이동하는 현상이다.

그렇다면 그린란드 해역 부근에서는 바닷물이 왜 침강하는가? 그것은 물은 기온이 낮고 염분 농도가 높아질수록 밀도가 높고 무거워져 아래로 가라앉기 때문이다. 특히 바닷물은 얼 때 염분을 방출하는데, 이 때문에 빙하 가까이에 위치한 북대서양의 차가운 바다에서는 침강 현상이 더욱 활발하다. 이 침강류는 수심 4,000m 깊이에서 이동하기 때문에 심해 해류라고 한다.

심해 해류는 남극해에서도 발생하며 이후 북극해의 심해 해류와 합류하여 이동하다가 뉴질랜드 앞바다에서 힘을 잃고 난류와 섞이면서 한 차례의 대양 대순환이 종결된다. 보통 한 번의 주기 동안 심해 해류

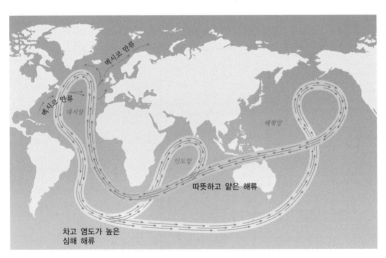

대양 대순환 해류.

UN 지구 온난화 대책 회의장(위). 심층 해류의 작용을 설명하는 잭(아래).

가 이동하는 거리는 5,000km 정도이며, 이때 걸리는 시간은 2,000년 정도라고 하니 엄청난 규모의 이동이라고 볼 수 있다.

만약 대양 대순환에 문제가 생겨 해류의 순환이 원활하지 않게 된다면 어떤 사태가 벌어질까? 예상되는 사례 중 하나는 멕시코 만류의 북상 덕분에 비교적 온화한 기후였던 고위도의 북대서양 인근 지역이 갑작스러운 기온 하강을 겪게 된다는 것이다. 〈투모로우〉에서 미국 북부 지역을 비롯해 영국 등 서유럽에서 갑작스러운 기상 이변을 맞게 되는 것도 이 때문이다. 13,000년 전 갑작스럽게 찾아온 혹한이 1,000년 이상 지속된 드리아스기가 그 증거이다. 낮은 기온에서 자라는 '드리아스'라는 고산 식물의 이름을 딴 이 시기의 혹한의 원인을 학자들은 대양 대순환에 장애가 발생했기 때문이라고 본다. 대기 중 이산화탄소의 증가와 그로 인한 기온 상승으로 빙하가 녹으면서 바닷물의 염분 농도가 낮아져 침강류의 활동이 둔화되고, 그 결과 대양 대순환에 장애가 발생했다는 것이다. 이때 기온은 지역에 따라 10℃까지 낮아졌는데, 그 변화는 점진적이지 않고 전원 스위치가 꺼지듯 급격히 다가왔다. 10℃ 정도는 별게 아니라고 생각할지 모른다. 하지만 빙하기라는 끔찍한 시기는 간빙기와 비교해 5~6℃ 정도 낮은 상태를 가리킨다. 그러니 10℃가 갑작스럽게 내려간다는 것은 상상을 초월하는 재난에 해당한다.

다음은 잭이 참석한 지구 온난화 UN 대책 회의 장면이다.

잭 : 북반구 기후는 해류가 좌우합니다. 북대서양 난류가 태양열을 운반하죠. 한데 지구 온난화로 빙하가 녹아 난류의 이동이 멈추면 북반구의 따뜻한 기후는 사라집니다.

다른 학자 : 언제쯤 그런 일이 일어날까요?

잭 : 백 년 뒤나 천 년 뒤? 확실한 것은 조치를 취하지 않으면 우리의 후손이 대가를 치러야 한단 거죠.

미국 부통령 : 교토 협약 비용은 누가 대죠? 수천 억 달러의 비용이 들 거요.

잭 : 부통령 각하, 방관의 대가는 더욱 큽니다. 현재 속도로 환경이 오염되면 위기 상황은 곧 닥칩니다.

미국 부통령 : 홀 교수, 경제도 환경만큼 위기요. 선동적 충격 발언은 삼가시오.

잭 : 최근에 홍콩보다 큰 빙하가 녹았어요. 진짜 충격이란 바로 그런 거죠.

잭이 예상하는 기온 급강하 지역.

　잭의 발표를 가장 경청한 사람은 스코틀랜드 헤드랜드 기상 센터에
근무하는 해류 전문가 테리였다. '온난화를 방지하라'는 시위대가 점거
한 회의장 밖에서 테리는 잭에게 공동 연구를 제안한다. 그 후 헤드랜드
기상 센터로 돌아온 테리는 세계 곳곳의 바다에 띄워 둔 부표 중 뉴욕에
서 가까운 조지스뱅크의 수온이 13℃나 급강하한 데이터를 목격한다.
처음에는 기계 고장으로 치부하지만 곧이어 그린란드의 부표도 13℃나
떨어지고, 수온 급강하 지역이 점점 늘어나자 서둘러 잭에게 전화를 건
다. '우리 세대에 벌써 이럴 줄은……' 이라면서 미처 말을 맺지 못한 테
리는 동료 연구원들과 함께 센터에 갇힌 채 동사를 기다린다. 이때쯤 북
유럽은 쉴 새 없이 내리는 눈에 갇히고, 뉴욕이 해일로 물에 잠기는 등
세계 각국이 이상 기후 사태로 대혼란에 빠진다.

　잭은 워싱턴으로 급히 호출되어 다른 연구자들과 함께 자신이 만든
기후 변화 모델에 각종 기후 데이터를 입력해 슈퍼컴퓨터를 돌린다. 그
는 조만간 기후가 급강하하는데 뉴욕을 포함한 북쪽 지역은 이미 대피
가 늦었고, 그 이남 지역 사람들은 남쪽으로 대피시켜야 한다는 결론을

눈에 파묻힌 뉴욕 도서관(위). 잭의 아들이 갇혀 있다. 아들을 구하러 뉴욕 도서관으로 달려가는 잭(아래).

내놓는다. 이에 따라 군을 동원한 민간인들의 대피가 실시된다. 한편 잭은 뉴욕 국립 도서관에 대피해 있는 아들을 구하기 위해 목숨을 걸고 뉴욕으로 향한다.

기후 변화가 가져올 디아스포라

잭의 아들 샘이 뉴욕에서 겪는 혹한의 침투를 영화 〈타이타닉〉 (Titanic, 1997)에서 배에 몰아쳐 들어오는 차가운 바닷물의 침투처럼 눈에 확연히 드러나는 현상으로 연출한 것이나, 밖에 나가기만 하면 얼어붙을 정도의 혹한이 며칠 지나지 않아 잠잠해지면서 해피 엔딩으로 종결되는 재난 영화의 전형성은 〈투모로우〉의 과학적 근거를 어이없게 만들기도 한다.

하지만 이 영화는 우리에게 기후 변화가 가져올 미래를 미리 생각해 보고, 그 미래에 대한 책임을 자각하고 그 책임을 다할 수 있도록 자극한다. 또한 지금과 같은 경제력에 의한 세계 체제가 자연의 변화 앞에서 얼마나 쉽게 무너질 수 있는가를 보여 주는 좋은 경고가 되기도 한다.

남쪽으로 대피하라는 명령이 떨어지자마자 멕시코 접경은 살길을 찾아 내려온 수천, 수만 명의 미국인들로 가득 차 디아스포라가 본격화된다. 하지만 곧이어 멕시코 정부에 의해 국경이 폐쇄되고, 졸지에 난민이 된 미국인들은 맨몸으로 강을 건너는 불법 입국을 시도한다. 결국 미국 정부가 남미의 부채를 전면 탕감한다는 조건을 건 후에야 멕시코행 차량 진입이 허락된다. 눈보라에 갇혀 동사한 대통령을 대신하게 된 부통령은 혹한이 완화됐다는 소식을 접하자마자 멕시코의 미국인 난민 캠프에서 다음과 같은 의미심장한 연설을 한다.

"지난 몇 주간 우린 배웠습니다. 자연의 분노 앞에 인간의 무력함을……. 인류는 착각해 왔습니다. 지구의 자원을 마음껏 쓸 권리가 있다고. 그러나 그건 오만이었습니다. 제가 이 연설을 타국에서 하는 건 바뀐 현실을 상징합니다. 이제 우

남쪽으로 대피하라는 명령이 떨어지자마자 멕시코 접경은 살길을 찾아 내려온 미국인들로 가득 찬다.

멕시코의 미국인 난민 캠프. 눈보라에 갇혀 동사한 대통령을 대신하게 된 부통령은
이곳에서 의미심장한 연설을 한다.

린 제3세계 국가의 신세를 지는 처지가 됐습니다. 궁지에 처한 우릴 따뜻이 맞아
준 그들의 호의에 감사드립니다."

　　미국은 온난화를 초래하는 이산화탄소 총량의 22%를 뿜어내는 세계
최고의 에너지 소비국이면서도 2001년에 이산화탄소 배출량 감축을
약속한 교토 협약에서 탈퇴하였다. 그 대신 온실 가스 배출량을 2012년
까지 2002년 대비 18% 감축한다는 독자 계획을 발표했다. 그런 미국은
그들이 제작한 이 영화 속 부통령의 연설을 얼마나 진지하게 받아들일
까? 그들에게 이 영화는 그저 잘 팔리는 할리우드 영화 중의 하나로밖
에 치부되지 않는 것 같아 안타깝다.
　　"저렇게 깨끗한 지구를 본 적 있나?"
　　영화의 마지막 장면인 유인(有人) 우주 정거장에서 지구를 내려다보
며 나누는 대화다. 인간 스스로가 아니라 자연에 의해 정화된 지구는

인공위성에서 바라본 깨끗해진 지구. 그러나 여전히 북반구의 상당 부분은 눈으로 덮여 있다.

놀랍도록 파랗고 깨끗하고 아름답다. 그래서 두렵다. 정화의 대상에는 상당수의 인류가 포함되어 있었을 테니까.

북 섬

오웬 산
▲
넬슨
•
뉴질랜드

남 섬

16

자연의 경이로움과
버림의 미학

〈반지의 제왕 – 반지 원정대〉

중간계의 땅으로 떠나는 여행

똑같은 씨앗에서 난 풀들이라도 그 생태 조건에 따라 각기 다르게 자란다. 나무들 역시 그렇다. 꽃을 피우고 열매를 맺는 경우 그 차이는 더욱 두드러진다. 작가 역시 같은 존재 조건에서 다른 세계를 창조해 내는 사람이다. 그 중 판타지 소설 작가는 더욱 그렇다. 판타지 소설에서는 현실과 동떨어진 이색적인 세계를 배경으로 영웅과 악당이 싸우거나, 아니면 평범한 주인공이 모험을 통해 성장하고, 마법이나 초인적인 힘 등 비논리적이고 초자연적인 힘들이 난무하기 때문이다.

이런 판타지 소설의 거장이 바로 영국 작가 톨킨이다. 그가 1955년에 완성한 소설 『반지의 제왕』은 '중간계'라는 새로운 세계와 그 세계의 독특한 언어가 창조된 판타지 소설계의 바이블이다. 피터 잭슨 감독의 〈반지의 제왕 3부작〉은 톨킨의 동명 소설을 영화화한 것으로, 그중 1편이 〈반지의 제왕—반지 원정대〉(The Lord of the Rings: The Fellowship of the Ring, 2001)이다.

영화에서 시간과 공간은 모두 실존하지 않는다. 시간은 먼먼 옛날이고 공간은 중간계라 불리는 땅이다. 중간계는 호비튼, 브리, 리븐델, 모리아, 로한, 모르도르, 곤도르 등 서로 다른 특성을 가진 여러 지역들로 나뉘어 있고, 각 지역들에는 인간, 호빗, 엘프, 드워프, 마법사, 트롤, 오크 등이 각각 거주한다.

이러한 가상의 공간 중간계를 어떻게 현실에서 재현할 수 있을까? 중간계는 7,000년 전처럼 보이면서 문명의 흔적이라고는 전혀 찾아볼 수 없는 순수한 자연 그 자체인 땅이어야 한다. 중간계를 표현하는 데 뉴질랜드만 한 곳은 없었다고 피터 잭슨 감독은 밝혔다. 물론 〈반지의 제

〈반지의 제왕-반지 원정대〉 시작 부분에 나오는 중간계 지도. 가상의 공간 중간계를 어떻게 재현했을지 궁금증을 불러일으키는 장면이다.

왕〉에 나오는 모든 장면이 자연 그대로의 뉴질랜드 풍경은 아니다. 때로는 원작에 더 가깝게 묘사하기 위해 컴퓨터 그래픽이 활용되었다.

뉴질랜드에서 재현된 중간계의 비극은 모르도르 땅에 거주하는 암흑의 제왕 사우론이 절대 반지를 만들면서 시작된다. 그는 이 반지 안에 자신의 잔악성과 악의와 모든 생물을 지배하려는 의지를 담았다. 절대 반지는 다른 부족의 저항으로 인간에게 넘어갔지만 반지의 '자기 의지'와 인간의 탐욕으로 인해 어딘가로 사라진다. 그 절대 반지가 샤이어 땅의 호빗 족인 빌보 배긴스(이안 홀름)에게 우연히 발견된다.

암흑의 제왕 사우론은 자신의 힘을 결집해서 절대 반지를 찾으려고 하고, 절대 반지임을 알게 된 호빗 족 빌보는 자신의 조카인 프로도(일라이저 우드)에게 반지를 넘겨준다. 그 후 사우론이 중간계를 파멸시키는 것을 막기 위해 모든 종족이 힘을 결집하여 절대 반지를 파괴하기로 한다. 하지만 절대 반지를 영원히 제거할 수 있는 유일한 방법은 그 반지가 만들어진 운명의 산 분화구에 그것을 던져 넣는 길뿐이다. 게다가

원정대가 모험 도중 정겨운 한때를 보내는 돌산. 석탑처럼 쌓인 바윗돌(토르)이 보인다.

그 운명의 산은 사우론이 은둔해 있는 곳의 중심부에 위치하고 있다. 결국 미력하고 작은 존재이지만 중간계의 운명을 안게 된 프로도와 그의 호빗 친구들, 그리고 이들을 도와주기 위해 강인한 인간 종족과 마법을 가진 엘프 족, 난쟁이 등으로 이루어진 반지 원정대가 절대 반지를 파괴할 수 있는 운명의 산을 향하여 모험을 떠난다.

이 모험의 여정은 고난을 극복해 나가는 과정이기도 하다. 원정대가 치르는 이 여정을 통해 관객은 뉴질랜드의 거대한 빙하, 깊고 좁은 협곡, 장대한 산맥, 광활한 목초지, 빽빽한 삼림, 다양한 종류의 화산과 해안 지형 등을 차례로 경험할 수 있다.

원정대가 모험 도중 정겨운 한때를 보내는 리븐델 남쪽의 돌산은 뉴질랜드 남섬의 넬슨(Nelson) 부근에 있는 올림푸스 산이다. 원정대 뒤쪽으로 보이는 바위들이 겹겹이 포개어져 있는 지형은 토르이다. 토르(tor)는 바위가 오랜 세월 동안 비바람에 깎여 쪼개진 후 주변의 돌 부스러기가 제거되고 남은 돌덩이들이 주변보다 높은 곳에 석탑처럼 쌓여

도봉산의 토르. 토르는 주변보다 높은 곳에 돌덩이가 석탑처럼 쌓여 있는 지형이다.
ⓒ 양희경

나즈굴의 추격을 피해 하천을 따라 달리는 원정대. 산지 사이를 구불거리며 흐르는 하천의 양안이 수직 절벽이다.

있는 것이다. 설악산의 흔들바위나 도봉산의 일부 봉우리도 이와 유사하게 형성된 것이다.

사악한 무리들의 추격을 피해 원정대는 말이나 배를 이용해 물살이 빠른 협곡을 달리기도 한다. 산지 사이를 구불거리면서 흐르는 하천을 따라 달리는 원정대와 이를 뒤쫓는 나즈굴의 한판 대결은 관객의 손에 땀을 쥐게 한다. 이러한 하천은 산간 지대를 흐르는 하천의 상류 지역에 발달하며, 경치는 아름다우나 하천 양안이 수직 절벽이라서 대개 교통이 불편하다. 이러한 하천을 감입 곡류 하천이라 부르며 우리나라 영월의 동강도 이러한 예의 하나이다. 최근에는 이러한 협곡이 번지점프나 래프팅 같은 레포츠를 즐기는 장소로 유명해졌다.

백색의 마법사 사루만의 공격으로 원정대는 모리아 동굴 쪽으로 행로를 바꾸게 된다. 모리아 동굴이 위치한 딤릴데일 언덕은 남섬의 넬슨 부근 오웬 산에서 촬영되었다. 오웬 산에는 수백만 년에 걸쳐 이산화탄소를 포함한 빗물에 석회암이 용해되어 형성된 각종 카르스트 지형이 나타난다. 동굴 내부는 길이가 수십km에 이르며, 다양한 크기와 모양의 석실과 통로 등이 복잡하게 얽혀 있다. 이러한 석회 동굴은 지표수가 지하로 스며들고 그 물이 땅속을 흐르면서 석회암을 녹여 만들어진 지형이다. 동굴 천장에는 고드름처럼 돌이 자라서 형성된 종유석이 나타나며, 바닥에서는 천장에서 떨어진 물방울이 만드는 석순을 볼 수 있다. 영화에서 모리아 동굴은 과거 드워프의 거대 도시였으나 오크의 공격으로 폐허가 되었다.

판타지 속의 실존, 뉴질랜드

뉴질랜드는 남반구에 있는 섬나라이다. 원주민인 마오리 족은 이 나라를 아오테아로아(Aotearoa)라고 불렀다. 마오리 말로 '길고 하얀 구름이 있는 땅'이란 뜻이다. 뉴질랜드(New Zealand)란 이름은 네덜란드의 탐험가 아벨 타스만이 붙인 이름이다. 타스만은 예로부터 전해 오는 이야기 속에 남극 가까이에 큰 대륙이 있다고 하여 이를 찾아 떠났다가 인도네시아와 오스트레일리아 대륙을 거쳐 이 섬을 발견했다. 후에 그는 자기의 모국 네덜란드의 고향 이름 질랜드(Zealand)에 뉴(new)를 더하여 뉴질랜드라고 명명하였다.

중간계의 땅인 뉴질랜드를 이해하기 위한 가장 중요한 지리적 요소는 '멀고 작지만 다양하다'라는 것이다. 뉴질랜드가 속한 오세아니아 대부분이 그렇듯이 뉴질랜드는 세계의 다른 지역으로부터 멀리 떨어져 있다. 세계의 다른 지역으로부터 '멀다'는 것은 뉴질랜드가 오랜 기간 세계로부터 고립되어 있었다는 것을 뜻한다.

모르도르의 운명의 산. 뉴질랜드 북섬에 있는 활화산 부근에서 촬영했다.

뉴질랜드가 '작다' 라는 것은 단지 면적을 두고 하는 말은 아니다. 뉴질랜드가 큰 나라는 아니지만 면적만 따지자면 결코 작은 나라가 아니다. 한반도의 약 1.2배, 남한의 2.7배에 이르며, 일본이나 영국의 면적과 비슷하다. 여기서 '작다' 라는 것은 인구가 적다는 것을 의미한다. 뉴질랜드의 인구는 약 384만 명으로 우리나라 서울 인구보다도 더 적다. 적은 인구는 뉴질랜드의 자연환경이 다른 곳에 비해 잘 보전될 수 있는 토대가 되었다.

그렇다면 '다양하다' 라는 건 무엇일까? 뉴질랜드의 자연환경은 지역에 따라 무척 다양하다. 뉴질랜드는 크게 남섬과 북섬으로 구성되어 있다. 그런데 남섬과 북섬의 자연환경은 사뭇 다르다. 위치상 저위도에 속하는 북섬이 남섬보다 더 온화한 기후를 보이는데, 이러한 기후 조건은 인구 분포에도 영향을 끼쳐 남섬보다 북섬에 많은 인구가 거주하는 원인이 되었다.

뉴질랜드는 북섬과 남섬의 지질 및 지형적 특색이 서로 다르다. 뉴질

모르도르를 향해 가는 원정대. 뉴질랜드 남섬에 있는 남알프스 산지에서 촬영했다.

랜드의 지형 형성은 태평양 지각판과 오스트레일리아 지각판이 서로 만나 충돌을 일으킨 것과 관계가 깊다. 북섬에서는 태평양 지각판이 오스트레일리아 지각판 아래로 내려가고 있다. 이로 인해 북섬에는 수많은 화산 지대가 펼쳐진다. 화산 근처에는 온천과 유황 지대 등이 분포한다. 절대 반지의 탄생지이자 소멸지인 모르도르의 운명의 산은 이러한 활화산 부근에서 촬영되었다.

북섬과 달리 남섬에서는 태평양 지각판이 오스트레일리아 지각판 위로 밀려 올라가 땅이 끊임없이 융기하고 있다. 이러한 융기로 인해 남섬의 가운데에는 남북 방향으로 놓인 남알프스 산지가 형성되었다. 이산지의 꼭대기는 만년설로 덮여 있으며 3,000m가 넘는 높은 산봉우리가 18개나 있을 정도로 험준하다. 남알프스 산지의 눈과 얼음은 수백 개가 넘는 빙하를 따라 이동되며, 이중 유명한 빙하 중 하나인 프란츠조섭 빙하는 평지 가까이에서도 볼 수 있다. 이러한 만년설과 빙하가 분포하는 지역은 반지 원정대가 모르도르로 향하는 길에 여러 차례 나타난다.

뉴질랜드의 북섬과 남섬은 모두 광활한 목초지와 대규모의 자연림, 모래 가득한 해변, 굽이치는 하늘빛의 강, 기묘한 석회 동굴 등 아름다운 원시 자연을 간직하고 있다. 이러한 뉴질랜드의 지리적인 속성은 〈반지의 제왕〉에서 중간계가 갖는 신비로움과 다양한 종족의 땅을 묘사하는 데 더할 나위 없이 좋았다. 물론 영화의 많은 장면에 컴퓨터 그래픽으로 만들어 낸 새로운 구조물이 세워지고 수많은 전투 장면이 재현되었다. 그렇더라도 순수 자연 그 자체인 뉴질랜드가 바탕이 되었기에 가능한 일이었다.

버림으로써 얻는 행복

판타지 영화들은 대개 고대의 유물이나 진귀한 보물을 찾으러 간다. 그러나 〈반지의 제왕〉은 오히려 보물을 파괴하기 위해 떠나는 모험이라 할 수 있다. 그리고 세계를 정복하려는 악인이나 조직이 선한 사람과 대립한다는 식의 단순한 구도로 이야기가 전개되지도 않는다. 악은 사악한 인간에게만 속하는 것이 아니라 인간에게 달라붙은 그림자 혹은 어둠과 같다고 본다. 그래서 영화 후반부에 반지의 힘에 제압당한 원정대의 동료나 호빗 족 프로도가 반지의 소유권을 주장하며 반지를 파괴하지 않으려는 행동도 자연스럽게 이해가 된다.

또한 〈반지의 제왕〉에서는 모든 사건들이 주인공의 힘만으로 해결되지 않는다. 프로도는 보통의 능력만 있을 뿐 아니라 오히려 주변 인물들에 비해 뒤떨어질 정도이다. 주인공이 평범한 만큼 주변 인물들의 개성과 능력으로 사건을 해결하는 경우가 더 많다. 그래서 더욱더 친근감이 가고 인간적이다.

우리는 늘 무언가를 얻기 위해 노력한다. 권력, 재력, 학벌 등등. 이런 것들을 버린다는 것은 평범한 사람들의 몫이 아닐지도 모른다. 진정한 반지의 제왕은 반지를 얻음으로써가 아니라 반지를 파괴해 버림으로써 될 수 있다. 지극히 서양적인 판타지 영화이지만 그 전개 내용은 동양의 '무소유'와 닮았다고나 할까.

뉴질랜드도 버림으로써 행복을 얻은 땅이다. 인간의 인위적인 개발과 손길로부터 '버림받은' 땅이었기에 중간계의 땅으로 탄생할 수 있었다. 뉴질랜드가 갖고 있는 역동적인 원시 자연의 아름다운 모습을 지키기 위해서는 앞으로도 인간의 탐욕과 눈앞의 이익에 급급한 개발 유혹을 버려야 할 것이다.

_____복합 지형

두 발로 디디고 눈으로 보며
가슴으로 넘는 안데스

〈모터사이클 다이어리〉

눈으로 보는 것과 발로 디디는 것의 차이

〈모터사이클 다이어리〉(The Motorcycle Diaries, 2004)는 이런 자막과 함께 시작된다.

'이것은 놀라운 영웅들의 이야기가 아니다. 단지 서로 닮은 희망과 꿈을 가진 두 개의 삶이 같은 방향으로 달려갔던 한때를 어렴풋이 엿본 것이다.' – 에르네스토 게바라, 1952년

아르헨티나의 상류층 가정에서 태어나 시인을 꿈꾸던 평범한 의대생 에르네스토 게바라(가엘 가르시아 베르날). 어느 날 그는 친구 알베르토 그라나다(로드리고 데 라 세르나)와 함께 일상의 평범함을 벗어나 남미를 종단하기로 한다. 포데로사라고 불리는 낡은 모터사이클을 타고서. 이 평범한 여행 계획이 의미 있는 여정이 된 것은 영화의 주인공인 에르네스토가 훗날 제국주의와 맞서 싸우는 제3세계 민족 해방 투쟁의 상징인 체 게바라가 되기 때문이다.

이들의 여정은 아르헨티나의 부에노스아이레스에서 출발하여 파타고니아와 칠레의 아타카마 사막을 지나 다시 페루의 아마존 강 유역에 있는 산파블로를 거쳐 콜롬비아, 베네수엘라까지 남미 대륙을 남쪽에서 북쪽으로 종단하는 것이다. 교통이 발달한 요즘에도 이만큼의 여행을 마치기는 쉽지 않다. 하물며 1950년대에 낡아 빠진 모터사이클로 안데스 산맥을 따라 남미 대륙을 종단한다는 것은 웬만한 용기가 아니고서는 어려운 일이었다.

당찬 각오로 여행을 시작했지만 현실은 그리 녹록지 않다. 하나밖에 없는 텐트가 폭풍우에 날아가고, 칠레에서는 정비사의 아내에게 추근댔다는 오해를 받아 쫓겨난다. 설상가상으로 유일한 이동 수단인 모

아르헨티나 산마르틴데로스안데스를 지나고 있는 에르네스토와 알베르토. 멀리 보이는 안데스 산지는 아르헨티나, 칠레, 볼리비아, 페루, 베네수엘라 등에 걸쳐 남북으로 뻗어 있다.

터사이클마저 완전히 망가지면서 여행은 점점 고난 속으로 빠져든다.

에르네스토와 알베르토는 모터사이클을 타는 대신 걸어서 여행을 계속한다. 점점 퇴색되어 가는 페루의 잉카 유적을 거쳐 정치적 이념 때문에 일자리를 잃은 사람들이 몰리는 추키카마타 광산에 이르기까지. 그들은 지금까지 자신들이 알고 있던 현실과는 다른 세상의 불합리함에 점차 분노하기 시작한다.

아메리카 대륙의 심장부인 페루의 쿠스코를 거닐며 거리마다 쌓여 있는 지나간 시대의 보이지 않는 흔적들을 더듬어 보기도 하고, 늙은 산이라 불리던 마추픽추에 서서 잉카 제국이 남긴 유적에 몸을 기대어

페루의 마추픽추 앞에 선 두 사람. 여기서 에르네스토는 어떻게 한 문명이 다른 문명을 이토록 무참히도 짓밟아 버릴 수 있는지 회의를 품는다.

보기도 한다. 나병을 전공하고자 하는 의대생 에르네스토는 여행 중 남미 최대의 나환자촌인 아마존 강 유역 산파블로에 머무른다.

에르네스토는 나병은 피부로 전염되는 병이 아니라며 장갑을 끼지 않은 채 환자들과 악수하고 가깝게 어울린다. 또 강을 사이에 두고 격리되어야 하는 나환자들과의 벽을 허물기 위해 위험을 무릅쓰고 강을 헤엄쳐서 건너기도 한다. 목숨을 걸고 헤엄쳐 강을 건넜듯이 이제 그는 남미에서 지역주의라는 편협한 벽을 허물기로 한다.

남미 속으로

그들이 걷고 있는 남미는 어떤 땅인가? 20대 청년의 눈으로 바라본 남미의 자연은 순수 그 자체이다. 남미에서 가장 중요한 자연 지역은 안데스 산지이다. 안데스 산지는 아르헨티나, 칠레, 볼리비아, 페루, 베네수엘라 등 여러 나라에 걸쳐 남북으로 뻗어 있는 국제적인 산지이다.

영화에서 두 친구가 넘나들던 안데스 산맥은 히말라야 다음으로 높은 산맥이다. 그 길이만 해도 약 8,500km로 서울에서 태평양을 횡단하여 미국까지 갈 수 있는 거리이다. 폭은 가장 좁은 곳이 약 320km로 계속 산을 넘어도 또 산뿐이다. 16세기에 이곳에 온 에스파냐의 정복자들은 이 산맥을 코르디예라라고 불렀는데 이것은 밧줄이라는 뜻이다. 안데스 산맥이 마치 여러 개의 밧줄이 남북으로 평행선을 그으며 뻗어 있는 모양인 데서 비롯된 말이다.

안데스 산맥은 나이가 대략 1억 3천 년에서 1억 7천 년 정도 되는 살아 있는 산이다. 지구의 나이인 약 40억 년에 비한다면 아직 어린 나이이기 때문에 안데스 산맥은 지금도 계속해서 키가 자라고 있다. 빠른 성장은 항상 불안정함을 내포한다. 이곳은 지진 및 화산 활동이 매우 활발한 지역이다. 판 구조론 입장에서 본다면 이 지역은 남미 판과 남태평양의 나스카 판이 만나는 곳에 있으며 남미 판 밑으로 나스카 판이 가라앉고 있다.

이러한 판의 경계부에는 화산 및 지진 활동과 같은 자연재해가 발생하는 불리한 점도 있지만, 구리나 은 같은 지하자원이 많이 매장되어 있기도 하다. 칠레의 추키카마타 구리 광산은 그렇게 해서 생긴 곳이다. 이러한 지하자원이 지역 주민들에게 중요한 일자리를 만들어 주기도 하지만, 이 때문에 제국주의의 침략을 받기도 하고 원주민들이 노동력을 착취당하기도 한다. 지하자원이 그 땅에서 나고 있기는 하지만 주인은 외지인인 까닭이다. 그렇게 풍부한 자원이 있음에도 불구하고 원주민인 인디오들은 여전히 가난한 농민이고 여전히 생계를 위협받는 일용직 광산 노동자일 뿐이다.

모터사이클을 버리고 맨몸으로 칠레의 아타카마 사막을 지나는 두 사람. 이곳은 세계에서 가장 건조한 곳이지만 그래서 거의 모든 것을 사라지지 않고 남아 있게 하는 땅이기도 하다.

안데스 산지는 해발 고도가 높고 다양한 위도대에 걸쳐 있기 때문에 그만큼 나타나는 경관도 다양하다. 남미 대륙의 남쪽에서 북쪽으로 가면서 같은 경관이 나타나는 곳은 하나도 없다. 영화에서 보여지는 안데스 산지는 영하의 날씨부터 45℃에 이르기까지 혹독함 그 자체이다. 칠레 남부의 파타고니아에서는 한여름에도 산꼭대기에 만년설이 보인다.

칠레 북부에서 페루 남부에 걸쳐서는 드넓은 사막이 펼쳐진다. 기후학자들이 '절대 사막'이라고 부르는 지구상에서 가장 건조하다는 아타카마 사막이다. 지난 수십 년 동안 비 한 방울 내리지 않은 곳이다. 이곳은 대략 남위 20° 부근인 아열대 고기압대에 위치해 있다. 따라서 비를 내리게 하는 상승 기류 대신에 아열대 고기압의 영향으로 항상 하강 기류가 발생하여 비가 내리지 않는다.

또한 이곳이 다른 사막과 달리 세계에서 가장 건조한 곳이 된 이유는

바다처럼 끝없이 이어지는 아마존 강.

칠레 주변에 나타나는 차가운 한류의 영향으로 기온의 역전 현상이 심해지고, 이로 인해 대기가 안정되어 기온은 상승하고 강수량은 줄어들기 때문이다. 또 다른 이유는 해발 고도가 4,000~6,000m에 달할 정도로 높은 안데스 산지가 아마존 지역으로부터 오는 습기를 차단하기 때문이다.

이렇게 아타카마 사막은 그 흔한 풀이나 선인장도 보기 힘들 정도로 메마르고 위협적인 땅이지만 한편으로는 거의 모든 것이 사라지지 않고 남아 있는 땅이기도 하다. 수분이 없으면 아무것도 부패하지 않기 때문이다. 죽은 사람도, 사람이 살지 않는 집도 모두 살아 있는 유물이 된다.

아타카마 사막을 지나면 고산 지대가 펼쳐진다. 페루의 쿠스코와 마추픽추는 해발 고도가 2,700~3,000m나 되는 고산 지대에 위치해 있다. 적도에 가깝지만 해발 고도가 높아서 기후는 우리나라의 봄철과 비슷하다. 이곳에는 케추아 족 인디언이 감자와 옥수수 등을 재배하거나 소·양·라마를 기르며 살고 있다. 이곳은 해발 고도가 높아 공기가 희박하기 때문에 보통 사람들은 이곳에서 조금만 움직여도 머리가 어지럽고 숨이 가빠지는 고산병에 시달리게 된다. 그러나 이곳 사람들은 혈액 속에 많은 산소가 공급될 수 있도록 보통 사람들보다 심장과 폐가 약간 크다.

페루 북쪽에서 베네수엘라 쪽으로는 적도를 통과하게 되어 아마존 강과 그 주변의 빽빽한 열대 우림이 나타난다. 남미 북부 지역의 여러 나라에 걸쳐 있는 아마존 강 유역은 매우 덥고 습하다. 연 강수량이 10,000mm를 넘는 곳도 있으며 스콜이라 불리는 소나기가 매일 한두 차례 쏟아진다. 안데스 산지에서 발원한 아마존 강은 많은 강수량과 풍부한 유량으로 인해 1,000여 개의 지류를 가진 거대한 강이 되었고 주변에 드넓은 저지대를 만들어 놓았다.

길과 땅, 그리고 사람들

영화에는 끊임없이 길이 나온다. 도시의 깔끔하게 포장된 길, 먼지 날리는 비포장 길, 눈 덮인 산길. 그들이 걷는 길은 그냥 놓여 있는 것이 아니라 희로애락의 감정을 가진 살아 있는 유기체이다. 길에는 원래 주인이 없다. 지금 그 길을 가는 사람이 주인일 뿐이다. 길이 처음에서 멀어질수록 그들의 세상에 대한 앎과 눈높이도 같이 성장한다. 여행의 처음에 에르네스토는 남미 대륙과 사람들을 두 발과 다리로 만난다. 다음에는 남미 대륙과 사람들을 눈으로 느끼고 결국에는 가슴에 담는다. 그가 여행을 통해 깨달아 가는 과정은 그가 걸어가는 길과 길에서 만나

안데스 산지의 주인인 원주민의 이야기를 듣고 있는 두 사람. 에르네스토는 갈수록 척박해지는 원주민의 삶에 가슴 아파하지만, 이전에는 낯설고 멀게 느껴졌던 또 다른 인류에게 점점 가까워지는 느낌을 받는다.

는 사람 그리고 사람들이 사는 터전인 땅이 함께하는 것임을 깨닫는 과정이기도 하다.

경관의 변화는 그 속에 살고 있는 사람들의 모습도 바꾸어 놓는다. 에르네스토와 알베르토는 여행을 하는 동안 드넓은 초원의 농부, 아타카마 사막에 발달한 구리 광산 지대의 광부, 고산 지대의 케추아 족 원주민, 그리고 아마존 상류의 열대 밀림 속 원주민까지 그들의 삶의 터전을 지키고 그곳의 자연을 일구면서 사는 다양한 사람들을 만난다.

영화에서 안데스 산지는 경관이 바뀌는 것만큼 그 의미도 계속 달라진다. 영화 초반부에 에르네스토와 알베르토는 안데스 산지와 거기 살고 있는 사람들을 그저 있는 그대로 바라본다. 안데스 산지는 그냥 스쳐 지나가는 경관이고 만나는 사람들은 타인일 뿐이다. 하지만 에르네스토가 알베르토를 앞질러 걸으며 길을 재촉하게 되는 중반부터 그들은 바라보기에서 벗어나 안데스 산지의 사람들 속으로 파고들기를 시도한다.

그 때부터 안데스 산지는 그저 바라보는 산이 아니다. 어느 곳이나 진한 삶이 녹아 있는 사람들의 땅이다. 영화에서 안데스 산지는 짧은 만남과 헤어짐이 반복되는 인생의 여정이다. 그 땅 위에는 소외되어 죽어 가는 노파가 있고, 죽음을 무릅쓰고 하루 벌이하는 노동자가 있으며, 눈먼 소를 기르는 농부도 있다. 그래서 안데스 산지는 현실감 그 자체이다.

남미를 여행하기 전 에르네스토는 그저 평범한 의대생일 뿐이었다. 그러던 그가 안데스 산지를 거쳐 가면서 그리고 그 안에 살고 있는 사람들을 한 명씩 한 명씩 만나면서 조금씩 변화되어 간다. 낭만주의자에서 현실주의자로, 소극적이고 평범한 청년에서 적극적인 지도자로. 20대 초반에 겪은 이 9개월간의 여행이 에르네스토가 혁명가 체 게바라로 성장하는 터닝 포인트였을지도 모른다.

체 게바라는 인간으로서의 한계를 극복한 뛰어난 혁명가인지도 모른다. 하지만 영화에서의 그는 우리처럼 평범한 피가 흐르는 인간이고, 그저 순박하고 정직한 젊은이일 뿐이다. 그는 결코 태어날 때부터 혁명가가 아니었다. 심한 천식을 앓고 있는 그는 나약해 보이기까지 한 평범한 사람이다. 거대하고 웅장한 안데스 산지에 비하면 누런 흙먼지를 풀풀 피워 가며 비틀대는 그의 모터사이클은 어딘가 불안하고 위태로워 보인다. 그러나 그는 여행에서 부딪친 수많은 고난을 묵묵히 정면으로 돌파한다. 험준한 안데스 산지는 고난의 상징이기도 하지만 시련을 극복하기 위한 희망의 상징이기도 하다.

남미에서 살아가고 있는 사람들과 그들의 삶의 터전을 바라보고, 자신들이 살아가고 있는 땅을 눈이 아닌 가슴으로 받아들이면서 하루하루 달라져 가는 자신의 모습을 찾게 된다. 이러한 여행이 바로 게바라로 하여금 시련 속에 자신을 맡기고 자신보다는 남미를 위해 일관된 길을 걷게 만들었는지도 모른다. 게바라는 스스로를 단련시키며 평범에서 비범으로 나아간 사람일 뿐이다. 영화의 마지막은 이렇게 끝난다.

"여행은 나를 변화시켰다. 나는 더 이상 예전의 내가 아니다. 과거의 나와 같은 난 없다."

온성

7번 국도

영월

담양

우이도 부산

_____한국 지형

한반도라는 땅이 들려주는 이야기

〈가을로〉

생 성과 소멸의 대서사

산과 하천과 바다는 늘 거기에 있고 수많은 사람들이 그곳을 오가지만 그 장소가 모든 이에게 항상 의미가 있고 아름답게 보이는 것은 아니다. 장소는 개인이 아는 만큼 그리고 어떤 이와 어떤 때에 어떤 마음으로 대하는지에 따라 보이는 이미지가 모두 다르다.

〈가을로〉(Traces of Love, 2006)는 주인공 현우(유지태)가 죽은 약혼자 민주(김지수)가 남겨 준 다이어리의 지도를 따라 우리나라 곳곳을 여행하는 로드 무비이다. 민주는 다큐멘터리 프로듀서이다. 그녀는 전국의 아름답고 소중한 곳들을 다큐멘터리로 찍으며 현우와 함께 할 신혼여행을 위해 매 장소마다 꼼꼼한 지도와 사진, 메모를 남겼고 다이어리는 그 기록이다. 영화에는 자연의 마음을 읽어 낼 줄 아는 민주의 시적인 언어와 함께 우리나라의 때 묻지 않은 아름다운 명소들이 등장한다.

관악산 바위 아래에서 비를 피하고 있는 〈가을로〉의 두 주인공.

"하늘 위에서 들으면 비는 아무 소리도 없이 내릴 거야. 우리가 듣는 빗소리란 건, 비가 땅에 부딪치고 지붕에 부딪치고 우산에 부딪치고, 그러면서 내는 소리잖아. 그래서 우린 비가 와야지 우리 주위에 잠자고 있던 사물들의 소리를 들을 수 있어."

민주의 말처럼 자연의 소리는 자연 속에 서 있을 때 그곳의 나무와 풀과 바람이 들려주는 이야기는 들으려는 마음의 자세가 되어 있는 사람에게만 들린다.

우리나라 땅의 3분의 2가 산지이듯이 〈가을로〉에는 산이 많이 등장하는데 그 모양과 생김새가 제각각이다. 어떤 산은 흙이 많아서 푹신푹신하고 어떤 산은 온통 바위로 이루어진 돌산이다. 영화에 나오는 관악

관악산의 토르. 토르는 화강암이 분포하는 관악산과 같은 돌산에 잘 발달한다.
ⓒ양희경

산이나 내연산은 거친 바위와 기암괴석들로 이루어진 돌산이다.

관악산과 같은 돌산은 화강암이 분포하는 지역에 잘 발달한다. 화강암은 모래알만 한 크기의 석영, 장석, 운모 등이 모여 만들어진 암석이다. 이 광물들 중 장석과 운모는 풍화 작용을 받으면 미세한 점토로 변하여 사라지지만, 풍화에 강한 석영과 같은 광물은 오랫동안 그 형태를 유지하면서 모래로 변한다. 그래서 화강암이 오랜 세월 비바람에 깎이면 점토 성분보다 모래 성분이 더 많아진다. 그런데 모래는 비가 오면 쉽게 쓸려 내려가기 때문에 화강암 지역은 나무나 풀이 쉽게 자라지 못하는 돌산이 된다. 서울의 북한산, 강원도의 설악산과 금강산, 전라도의 월출산 등도 모두 돌산이다.

내연산은 그리 높은 산이 아니지만 12개의 폭포를 가진 폭포의 왕국이다. 내연산뿐만 아니라 우리나라의 등줄기 산맥인 태백산맥을 따라서는 수많은 폭포들이 분포한다. 수m에서 수십m에 이르는 물줄기와 그 주변에 피어나는 물안개, 그리고 폭포 아래 깊게 팬 물웅덩이 등등. 폭포는 그 형상이 신비로워서 대부분이 용이 승천했다거나 선녀가 내려와 목욕을 하고 하늘로 올라간 곳이라는 등의 전설을 간직하고 있다.

폭포는 흔히 하천의 상류에서 볼 수 있다. 하천의 상류는 경사가 급해서 물살이 세차게 흐른다. 하천의 폭은 좁고 수심도 그리 깊지 않다. 골짜기 양옆의 경사는 매우 가팔라 멀리서 바라보면 대개 V자 형태이다. 영화에 나오는 불영계곡도 깎아지른 듯한 절벽과 푸른 물줄기가 어우러져 아름다운 경관을 드러내는 곳이다.

하천의 상류는 높은 해발 고도와 가파른 경사면 때문에 많은 에너지를 가지게 된다. 이러한 에너지는 물과 퇴적물을 운반하고 수심이 얕은 바닥을 깎는 데 쓰인다. 폭우가 쏟아진 후 하천에 거센 급류가 흐를 때 큰 돌과 자갈들이 하천 바닥을 휩쓴다. 그러면 하천은 거대한 조각칼처

내연산 계곡을 찾은 현우. 내연산은 12개의 폭포를 가진 폭포의 왕국이다.

럼 강바닥을 수직으로 깎는다. 주변의 지질 조건에 따라 어떤 곳은 폭포가 되고 어떤 곳은 거대한 웅덩이로 변한다. 이러한 침식 작용은 아주 느리게 진행되기 때문에 그 과정을 관찰하기는 어렵다. 우리가 흔히 보는 산속의 계곡도 수백만 년 동안 서서히 지형이 깎여서 만들어진 것이다. 자연은 오래전부터 거기 있었고 앞으로도 영원히 그 자리에 그대로 존재할 것 같지만 사람이 깨달을 수 없는 시간의 깊이를 가지고 생성과 소멸을 거듭하고 있다.

7번 국도를 따라 가는 여정

하늘에서 내려다본 한반도는 육지를 중심으로 보면 호랑이가 대륙을 향해 포효하고 있는 모습이다. 바다를 중심으로 보면 유라시아 대륙 동부에서 태평양을 향해 뻗어 있는 반도이다. 한반도에는 수많은 산과 들, 그리고 주변의 바다가 아름답게 펼쳐져 있다.

영화에 나오는 아름다운 섬과 하천과 산의 토대가 되는 한반도는 만들어진 지 오래된 땅이다. 나이로 치면 30억 살쯤 된 땅이다. 지구의 나이가 46억 살 정도이니 이 땅이 얼마나 나이가 많은 땅인지 알 수 있다. 한반도는 약 30억 년 전부터 현재까지 다양한 시대에 걸쳐 형성되었기 때문에 그 자체가 하나의 훌륭한 자연사 박물관이다.

현우는 검사가 되고 결혼 날짜까지 잡아 놓은 인생의 절정에서 백화점 붕괴 사고로 약혼녀를 잃었다. 사막처럼 황폐해진 마음으로 10년의 시간을 보내던 그는 어느 가을 무기력해진 자신을 추스르기 위해 여행을 떠난다. 그 여행은 약혼녀 민주가 그랬던 것처럼 사막에서부터 시작된다. 민주가 '귀여운 사막'이라고 이름 붙인 모래 언덕이 있는 섬은 전남 신안군의 우이도이다. 우이도를 포함해 우리나라 황해안과 남해안에는 3,000여 개가 넘는 섬이 있다. 반면 동해안에는 섬이 많지 않다.

우리나라 역사에 신라 시대, 고려 시대, 조선 시대가 있듯이 땅의 역사를 알려 주는 지질 시대에는 고생대, 중생대, 신생대가 있다. 이중 가장 최근의 시기인 신생대에 한반도 땅의 일부가 융기했다. 이때 동쪽에 비해 상대적으로 융기량이 적었던 서쪽은 낮은 곳이 바다에 잠겼다.

우리나라의 동쪽에는 등줄기 산맥인 함경산맥과 태백산맥이 해안선과 대체로 평행하게 뻗어 있기 때문에 동해안은 해안선이 단조롭다. 반면에 서쪽은 소백산맥, 차령산맥, 광주산맥 등 여러 산줄기가 바다로 향하고 있다. 해수면이 상승하면서 이들 산줄기의 끝 부분이 반도와 섬이 되고 산줄기 사이사이는 낮은 만이 되어 황해안은 해안선이 복잡하다.

'현우와 민주의 신혼여행'이라 이름 붙인 민주의 다이어리는 대부분 7번 국도를 따라 가는 여정이다. 7번 국도는 동해안과 태백산맥을 양쪽에 끼고 부산에서 강원도 고성을 지나 함경북도 온성까지 이어진 길이

첩첩이 쌓인 태백산맥. 태백산맥은 한반도 남쪽에서 가장 중요한 지형적 요소이다.

다. 한쪽에는 바다가 또 다른 한쪽에는 산이 있고 그 사이사이에 아기자기한 평야와 자그마한 어촌들이 자리한 길이다. 민주는 7번 국도를 이렇게 표현한다.

"사실 동해 바다랑 소나무들이 있어서 7번 국도가 아름답다고 하지만, 저런 어촌 마을이 있고 그 안에 저렇게 사람 사는 모습이 있어서 이 길이 더 좋은 것 같아. 이 길을 가다가 만나는 마을들은 꼭 이름을 한 번 불러 줘야 될 것 같아. 병곡, 후포, 평해, 월송, 덕산……."

한반도 남쪽에서 가장 중요한 지형적 요소는 태백산맥이다. 동쪽에 치우쳐 높게 솟아오른 태백산맥 때문에 우리나라 대부분의 하천은 황해로 흘러들고 비옥한 평야 또한 황해안에 많다. 반면 동해안에는 가파르게 흐르는 소규모의 하천들이 있고 그 사이사이에 좁은 해안 평야를 끼고 소규모의 어촌들이 군데군데 나타난다.

강원도 영월을 흐르는 하천을 보면 태백산맥이 융기한 땅이라는 것을 잘 알 수 있다. 한강을 거슬러 올라가면 북한강과 남한강으로 갈라지고 그중 남한강은 다시 동강과 서강으로 나뉜다. 그 동강과 서강이 만나는 곳이 영월이다. 서강은 동강과 함께 태백산맥을 관통하면서 구

서강을 내려다보고 있는 현우. 서강과 동강이 만나는 곳이 영월이다. 사진 중앙에
절벽이 쪼개진 형상을 한 선돌이 보인다.

강원도 평창군의 감입 곡류 하천. 감입 곡류란 산지나 구릉지에서 구불구불한 골짜
기 안을 따라 흐르는 하천으로 남한강 상류 지역인 강원도 영월을 흐르는 하천에서
볼 수 있다. ⓒ 양희경

불구불 흐르는 하천이다. 이렇게 산지 사이를 구불거리면서 흐르는 하천을 감입 곡류 하천이라 한다. 강원도의 감입 곡류 하천은 태백산맥의 형성과 더불어 평지를 흐르던 하천이 융기하여 원래의 유로를 유지하면서 강바닥을 깊게 침식하여 만들어진 것이다. 오랜 시간 계속된 침식으로 강 주위에는 평야보다는 높다란 산지와 절벽들이 즐비하다. 평야가 적다 보니 마을도 드물다. 오랜 동안 사람들이 쉽게 접근하는 것을 허용하지 않았기 때문에 아직도 경이로운 비경과 자연의 순수함이 묻어나는 곳이다.

자연과 인간의 교감

　민주는 깨끗하고 맑다는 뜻을 가진 전라남도 담양의 소쇄원을 찾는다. 소쇄원은 자연을 거스르지 않고 자연과 조화를 이루는 최소한의 건축물이 돋보이는 곳이다. 맑은 계곡물은 오곡문 담장 아래를 지나 너럭바위를 흘러 연못으로 모이고, 넘친 물은 수차를 돌리며 계곡으로 떨어진다. 민주가 이야기한 것처럼 이곳은 그냥 서 있기만 해도 자연과 인간의 교감이 어떤 것인지를 쉽게 느끼게 해 준다. 민주가 띄워 보낸 나뭇잎을 건져 드는 현우의 모습은 비록 다른 시간대에 있지만 같은 장소에서 소통하는 사랑하는 사람들의 모습을 아름답게 그린다.

　영화에는 강원도 정선 지방을 힘들게 통과하는 두 량짜리 꼬마 기차가 나온다. 종착지인 구절리역에서 멈춘 그 기차는 다른 사람들을 태우고 또 다시 출발한다. 길의 끝은 또 다른 길의 시작인 셈이다. 산의 정상에 서면 끝인 것 같지만 하천은 그곳에서 처음 출발한다. 그렇게 시작한 하천은 바다로 흘러가면 그 흐름이 끝난다. 하지만 하천이 바다와 만나는 하구는 바다의 또 다른 시작이다.

지형도 마찬가지이다. 높은 산은 비바람에 깎여 낮아져 결국에는 구릉이나 평야가 된다. 반면 어딘가에서는 평야였던 곳이 새로운 산으로 솟아오를지도 모른다. 자연에서 시작은 곧 끝이고 끝은 곧 시작이다. 우리의 삶이 가야 할 방향도 이와 같을 것이다.

자연은 또한 한 치의 오차도 없이 작동하는 시스템이다. 스스로 생산하고 소비하며 흐름과 멈춤을 적절히 조화시킨다. 우이도의 모래 언덕은 바다 멀리에서 불어오는 바람이 모래를 이동시켜 언덕을 만든 것이다. 모래는 바람을 따라 이동하면서 언덕의 형상을 바꾸어 놓는다. 모래 언덕에 서서 모래와 바람을 피부를 통해 직접 느껴 보면 자연의 생생한 움직임을 알 수 있다. 이런 자연의 움직임은 수백만 년 전부터 지금까지 서서히 진행되어 온 것이다.

하지만 사람들은 이런 자연의 시스템을 순식간에 바꾸어 놓기도 한다. 민주가 찍고 있는 다큐멘터리의 리포터는 우이도의 모래 언덕이 지구 온난화로 인해 곧 사라질 위기에 처해 있다고 전한다. 지구 온난화로 기온이 상승하면 극지방의 빙하가 녹는다. 빙하가 녹을 경우 현재보다 해수면이 상승하고 바다에 떠 있는 작은 섬과 해안가의 낮은 저지대는 바다 속으로 가라앉는다. 오랜 역사를 가진 땅과 그 땅 위의 나무와 풀과 사람들의 지나온 삶을 송두리째 앗아가는 비극적인 결말을 예고하는 것이다. 그렇지만 대부분의 사람들은 민주의 동료처럼 어느 해변에서나 볼 수 있는 모래 언덕이라고 생각한다.

"아쉽지 않아요? 사라진다잖아요." 지금 눈앞에 보이는 평범해 보이는 모든 것들이 자연의 생성과 소멸의 법칙대로가 아니라 사람들의 욕심에 의해 사라져 버리게 하는 일이 더 이상 계속되어서는 안 될 것이

전라남도 신안군 우이도의 모래 언덕. 민주가 '귀여운 사막' 이라고 이름 붙인 곳
이다.

다. 단기간에 개발해서 경제적 이득을 챙기는 인스턴트식 국토 개발이
우리나라 곳곳에서 진행되고 있지만 아직도 한반도에는 천연의 신비를
간직한 비경이 많다. 그런 장소야말로 인공적인 것으로 도배된 도시에
서의 삶이 메마를 때면 찾아갈 수 있는 오아시스 같은 곳이다. 민주가
걸었던 주문처럼 우리의 마음속 상처를 치유해 줄 수 있는 마법 같은
곳이다.

"지금 우리 마음은 사막처럼 황량하다. 하지만 이 여행이 끝날 때는
마음속에 나무숲이 가득할 것이다."

참고 문헌

강정효, 2004, 『화산섬 돌 이야기』, 도서출판 각.

고광민, 2004, 『제주도의 생산기술과 민속』, 대원사.

고광민, 2006, 『돌의 민속지』, 도서출판 각.

고철환 엮음, 2001, 『한국의 갯벌: 환경, 생물 그리고 인간』, 서울대학교출판부.

권혁재, 2003, 『지형학』, 법문사.

권혁재, 2005, 『우리 자연 우리의 삶』, 법문사.

권혁재, 2006, 『자연지리학』, 법문사.

김윤식, 1992, "폭풍의 언덕」에 가다", 『환각을 찾아서』, pp.163-184, 세계사.

김준, 2006, 『새만금은 갯벌이다』, 한얼미디어.

김추윤 · 장삼환, 1995, 『중국의 국토환경』, 재단법인 대륙연구소 출판부.

뉴욕타임스 뉴스 신디케이트, 2000, 『지오팩츠』, 해냄출판사.

로베르 에티엔, 주명철 옮김, 1995, 『폼페이 : 최후의 날』, 시공사.

모리스 크라프트, 진미선 옮김, 1995, 『화산 : 지구의 불꽃』, 시공사.

미쉘 피에르, 김이정 옮김, 2001, 『열정의 이탈리아』, 효형출판.

박종관, 2005, 『박종관 교수의 Let's go 지리여행』, 지오북.

부르크하르트 뢰베캄프, 장혜경 옮김, 2005, 『할리우드』, 도서출판 예경.

서무송 외, 2004, 『지리학 삼부자의 중국 지리 답사기』, 푸른길.

실베스트르 위에, 이창희 옮김, 2002, 『기후의 반란』, 궁리.

안중국, 2005, 『이 땅에 이런 데도 있었네』, 함께가는길.

에밀리 브론테, 김종길 옮김, 2005, 『폭풍의 언덕』, 민음사.

오태진 · 이동진, 2002, 『오태진 · 이동진의 시네마 기행』, 생각의나무.

오현리, 2001, 『중국무협영화 2』, 한숲출판사.

이강원, 2003, "롭노르 논쟁과 신쟝 생산건설병단 : 중국 서북지역 사막화의 사회적
          과정", 『대한지리학회지』 38(5), pp.701-724.

이문원 · 손인석, 1983, 『제주도는 어떻게 만들어진 섬일까』, 도서출판 춘광.

이학곤, 2002, 『갯벌환경과 생물』, 아카데미서적.

전경 외, 1996, 『중국지리』, 백산출판사.

중앙M&B 엮음, 2000, 『유네스코 세계유산 : 북아메리카』, 중앙M&B.

중앙M&B 엮음, 2000, 『유네스코 세계유산 : 중앙 · 남아메리카』, 중앙M&B.

지평, 2005, 『지리 교사들, 남미와 만나다』, 푸른길.

한국브리태니커회사 엮음, 1997, 『브리태니커 세계 대백과사전』, 한국브리태니커
　　회사.
휴 트레버-로퍼, 박지향·장문석 옮김, 2004, "전통의 발명 : 스코틀랜드 고지대의
　　전통", 에릭 홉스봄 외, 『만들어진 전통』, pp.47-97, 휴머니스트.
DORLING KINDERSLEY 엮음, 김재덕 옮김, 2000, 『가자 세계로, 영국』, 서울문화사.

Chorley, Richard J., Schumm, Stanley A. & Sugden, David E., 1985,
　　Geomorphology, Methuen.
Espenshade, E.B. et als(eds.), 1995(19nd), *Goode's World Atlas*, Rand McNally.
Gardner, D. et als, 2005, *Horizons: Geography 11-14*, Cheltenham: Nelson
　　Thornes.
Microsoft Corporation, 2002, *Microsoft Encarta Encyclopedia 2002*.
Pocock, D.C.D., 1987, "Haworth: the Experience of Literary Place", Mallory
　　W.E. & Simpson-Housley, P.(eds.), *Geography and Literature: A
　　Meeting of the Disciplines*, New York: Syracuse University Press.
Pringle, T.R., 1988, "The privation of history: Landseer, Victoria and Highland
　　myth", in D. Cosgrove, & Daniels, S.(eds.), *The Iconography of
　　Landscape*, Cambridge University Press, pp.142-161.
Reader's Digest, 1998, *Atlas of America: Our Nation in Maps, Facts, and
　　Pictures*.
Waugh, D., 1995, *Geography: An Integrated Approach*, Walton-on-Thames
　　Surrey: Thomas Nelson & Sons Ltd.

NHK 제작, 1998, 〈바다 대기행 : 바다의 동맥, 해류〉 다큐멘터리 필름.
http://www.cine21.co.kr
http://www.ingleton.co.uk
http://www.jejunature.com
http://www.movist.com
http://www.nkino.com
http://www.provin.jeju.kr
http://www.superman2000.com

찾아보기